超科少年
SSJ 1

Super
Science
Jr.

目錄

營養均衡的科學素養漫畫餐

文／吳俊輝（台灣大學副國際長、物理系暨天文物理所教授）

這是一部很有意思的創意套書，但很遺憾的在我那個年代並不存在。

我小時候看過不少漫畫書、故事書和勵志書，那是在閱讀課本之餘的一種舒放與解脫，然而這部套書則是一個綜合體，巧妙的將生硬的課本內容與漫畫書、故事書、及勵志書等融合在一起，讓讀者像是被煮青蛙一般，不知不覺的被科學洗腦，被深深的植入科學素養及人生毅力的種子。

這部套書聚焦在四位劃時代的科學家身上：伽利略（1564-1642）、牛頓（1643-1727）、法拉第（1791-1867）、達爾文（1809-1882），你注意到了嗎，他們四人各自所處的年代，依上述順序像是接力賽一般，巧妙的串起了人類科學史上的黃金三百年，當年的成果早已深深的潛移入我們當今仍在使用的許多科學原理中，而這些突破絕非偶然。

針對每位科學家，這部書都先從引人入勝的漫畫形式切入，若從專業的角度來看，科學界的前輩們或許會覺得漫畫中的許多情節恐怕難脫冗餘之名，但是若去除掉這些潤滑劑，它就會像是沒有開胃菜、配菜、佐料、甜點及水果的牛排餐，只有單單一塊沒有調味的牛排，想直接塞入學童們的口中，而我們的教科書經常就像是這樣，以為這才是最有效率的營養提供方式。台灣的許多科學教科書，甚至更像是營養膠囊，沒有飲食的樂趣，難怪大多數人都會覺得自然學科很生澀，在離開學校

後很怕再接觸到它。一般的科普書也大多像是單點的餐食，而這部書則是一套全餐，不但吃起來有情調，那些看似點綴用的配菜，其實更暗藏有均衡營養及幫助消化的功能。

這部書除了漫畫的形式之外，還搭配有「閃問記者會」、「讚讚劇場」及「祕辛報報」等單元。「閃問記者會」是利用模擬記者會的方式，重現巨擘們的風采，一一釐清各式不限於科學範疇的有趣問題。「讚讚劇場」則是由巨擘們所主演的劇集，真人真事，重現了當年的時代背景，成功絕非偶然。「祕辛報報」則像是武林擂台兼練功房，從旁觀的角度來檢視巨擘們所主張之各種學說的歷史及科學地位，有攻有防，還提供了武林盟主們的武功祕笈，讓讀者們能在短時間內學上一招半式，以便於日後開創自己的成功人生。

科學其實和文學一樣，學説的演進和突破都有其推波助瀾的時代背景，但學校中的課本或一般的科普書則大多只告訴我們英雄們總共成功的攻頂過哪幾座艱凶的山，以及這些山群們有多神奇，卻顯少著墨在英雄們爬山前的準備、曾經失敗的登山經驗、以及行山過程中的成敗軼事。少了這些東西，我們永遠學不好爬一座山，而這些東其實就是科學素養的化身，只懂科學知識而沒有素養，我們充其量只不過是一隻訓練有素的狗，玩不出新把戲也無法克服新的挑戰，這是我們在二十一世紀知識爆炸的年代中所要面臨的嚴峻挑戰。這部書在漫畫中、在記者會中、在劇場中、在祕辛室中，都再再提點並闡釋了這個素養精神，清楚的交待了每一個成功事蹟背後的脈絡，以及事前所付出的無數失敗代價，這對習慣吃速食的現代文明人而言，像是一頓營養均衡的滿漢大餐，雖說不是每個人的任務都是要去攻頂奇山，但無可諱言的，我們都生活在同一個山林中，就算不攻頂也仍須在人生中劈山荊、斬山棘！就讓我們一起填飽肚子上路吧！

角色介紹

仁 傑

國一男生，為了完成暑假作業而參與老師的時光體驗計劃，被老師稱為超科少年。但神經大條，經常惹出麻煩，有時卻因為他惹的麻煩而誤打誤撞完成作業題目。

牛 頓

英國科學家。因為家庭因素，且只對科學研究有興趣，所以小時候經常被欺負。長大以後，因為過人的天分與對科學的專注，發現了萬有引力、牛頓運動定律，並且發明反射式望遠鏡，成為人類有史以來最偉大的科學家之一。

6

老師

非常熱中科學實驗，為了
讓自己做的時光體驗機更
完美，以暑假作業為由引
誘仁傑與亞琦試用，卻意
外引發他們的學習興趣。

亞琦

國一女生，受到仁傑的
拖累而一起參與老師的
時光體驗計劃，莫名其
妙成為超科少年的一
員。個性容易緊張，但
學科知識非常豐富，常
常需要幫仁傑捅的簍子
收拾殘局。

小颯

超科少年的一員（咦？）。
會講話的飛鼠，是老師自稱
新發現的飛鼠品種，當作寵
物豢養。偶爾會拿出一些老
師做的道具，在關鍵時刻替
其他人解圍。

牛頓篇
第一課：孤僻的天才論

一六五六年
格蘭瑟姆

轉……

轉向……

轉……

是啊！
一整天忙了暈頭
轉向的！

真想趕快回家。
轉向的！

啊！不知不覺
又忙到這麼晚了，
回家太太不知道
煮了什麼。

為什麼……

風車會
轉動呢……

哇啊啊啊啊啊啊!!!

笨蛋！

科學這種東西
可不是用
背的啊！

聽好！
科學是日常生活中
觀察的累積，
進而發展成人類
進步的動力！

瞧不起自然科學
或是只會死背
都是不行的！

竟然罵學生
笨蛋……
好糟糕的
老師……

哈哈哈！
如果老師都理解
的話，早就成為
大科學家了吧！
怎麼還在
學校裡
教書呢？

哼……
竟然被自己的學生
瞧不起了啊……

……

13

嚙嚙嚙!!

這裡是一六五六年的格蘭瑟姆喔!!

也是偉大的科學家艾薩克・牛頓的故鄉呢!!

會講話的老鼠!?

哇啊啊啊啊!!

我不是老鼠!是飛鼠啦!

我是老師用品種改良出來的高智商飛鼠!叫我小颯就行了!

老師派我跟著你們來,是要協助你們完成暑假作業的!

16

登登登!!

暑假作業
題目卷!!

第一題:觀察牛頓如何覺醒
第二題:三稜鏡的奧秘為何?
第三題:牛頓如何發現萬有引力?
第四題:進入皇家學會
第五題:牛頓如何證明克卜勒定律

嗚啊……
又是作業?

好不容易來到
風景這麼漂亮的
地方耶……

別抱怨了!

這個題目卷上
寫的是作業
題目!

體驗開始後,
除了可以記錄之外,
上面的按鈕可以讓
體驗中斷回到現代。

所以這段時間
你們就好好的
完成題目吧!

如何覺醒
奧秘為何?
發現萬有引力?

第一題:觀察牛頓如何覺醒

第二題:三稜鏡的奧秘為何?

第三題:牛頓如何發現萬有引力

第四題:進入皇家學院

好多題啊……
看來得先找出
牛頓在哪裡
才行呢!

你們就在這個時代
好好觀察吧!
切記不要和
這個時代的人
接觸喔!

不然會影響
歷史……

喂!
你好!
你知道
牛頓在
哪裡嗎?

注意聽人
說話啊!!

嗯……我就是牛頓啊……

而且馬上就接觸到最不該接觸的人啦!!

噢噢你好!
我叫仁傑!

她是亞琦!這是我們的寵物小颯!

哇……好陰沉……

誰是你的寵……

噓~飛鼠是不會講話的喔。

對了!

牛頓你在這裡做什麼啊?

哇～好大的電風扇啊！！

笨蛋！那是風車啦！！

我在⋯⋯觀察⋯⋯

真是人笨沒藥醫⋯⋯

風車？

風車就是利用風產生的動力轉動葉片，

藉此驅動碾米石來碾米⋯⋯

這樣就可以省下很多人力囉！

完成了！！

鼠力發動小型碾米器！！

利用鼠力推動轉輪，再將力量藉由齒輪組的傳送來推動碾米器⋯⋯嗯嗯嗯⋯⋯有趣的構造⋯⋯真是我得好好記錄下來⋯⋯

碎碎唸碎碎唸

⋯⋯

果然是個孤僻的科學家啊

牛頓那傢伙氣死我了！！

我才不是老鼠！是飛鼠啦！

原來你在意的是這個啊……

他真的是個不善與人相處的傢伙呢，連笑都不笑。

在歷史的記載上，幼年的牛頓是個孤僻內向不善言辭，但卻對任何不明白的事物都很感興趣的人……

果然百聞不如一見呢！

但是……

「觀察牛頓的覺醒」……這題目到底是什麼意思啊？

第一題:觀察牛頓如何覺醒
第二題:三棱鏡的奧秘為何?
第三題:牛頓如何發現萬有引力?
第四題:進入皇家學會
第五題:牛頓如何證明克卜勒定律?

總之先回去問老師吧！

沒錯！回去吧！我不想再來了！

沙沙沙…

叮！

牛頓如何覺醒
鏡的奧秘為何?
如何發現萬有引力?
入皇家學會

哈哈哈！回來啦？

如何啊？時光體驗機很有趣吧？

你們在那邊待了多久啊？

嗯⋯⋯沒有很久啊～怎麼了嗎？

因為不管你們體驗的時間是多久，老師這裡大概都是五分鐘。

總之暑假還長得很，你們就慢慢的完成暑假作業吧。

五分鐘⋯⋯？

有了！！

當天晚上

嘿嘿～當然是來借用老師的時光體驗機啊！

既然體驗得再久都只是五分鐘，那只要花一個晚上就能把暑假作業解決了不是嗎？接下來的暑假就可以盡情的玩啦！！

呼啊～

幹什麼啦仁傑，這麼晚了還拉我來學校～

真是的……盡想著偷懶的方法……

呼～啊

ZZZ

走吧！小颯也一起來！

啊！等等！現在不能用體驗機啊……

走吧走吧！
去找牛頓
然後讓他
覺醒吧！

衝啊啊啊！！

一六五七年
伍思索普莊園

仁傑你這
大笨蛋！

不是說現在
不能用體驗
機嗎？

體驗機正在
維修中，
功能無法
正常使用！

所以我們現在
如果不把習題
做完是無法回
去現代啊！

咦咦咦
咦咦？
你怎麼不
早說！！

是你沒
在聽！！

要怎麼讓牛頓覺醒啊⋯⋯？

沒辦法⋯⋯只好趕快解決題目了⋯⋯

題:觀察牛頓如何覺醒
一題:三稜鏡的奧秘為何?
二題:牛頓如何發現萬有引力?
入皇家學會
發明克卜勒定律?

根據史料記載⋯⋯這個伍思索普莊園就是牛頓的家⋯⋯

牛頓童年時因為父親早逝⋯⋯常常被母親帶回家務農。

艾薩克!!不要整天窩在房裡,出來幫忙啊!!

噢⋯⋯好啦⋯⋯我待會就下去⋯⋯

艾薩克從小就喜歡窩在家裡做些鬼東西，課業和家事都不好好做！

令我很頭痛啊！

你們如果能幫我勸勸他就好了—

還是一樣孤僻呢……一點都沒變啊……

沒問題!!

包在我們身上!!

嗯……
一下子就
凝固了……

看來得用
其他原料
當墨汁……

哈囉，好久不見啦！牛頓！
你在做什麼實驗啊？

噢……？
你們是去年
見過的小孩
和老鼠……

又被當老鼠!?

我在……
實驗哪種材料
最適合當
墨水啊……

你窩在家裡
都在做
實驗嗎？

是啊……
還有很多其他的
東西喔……
讓你瞧瞧……

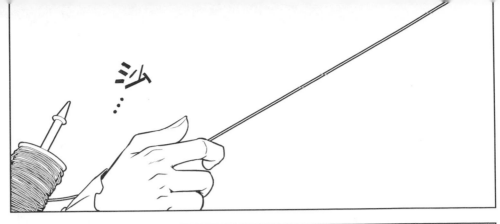

沙......

可以飛得很高很穩，風箏下的燈籠還可以當做照明......

可以讓人在夜晚也不會迷路......

為什麼要用我當風箏！！

我是飛鼠不是風箏啊！！

這是......我發明的......風箏......

都在發明一些搞不懂的怪東西啊......

喂！別窩在家裡啦！和我一起出門吧！幫你媽媽照顧牧場啦！

沒興趣......

你們是……？

我們是牛頓的同學啦！

正確來說是以前的同學！

畢竟這傢伙成績不好又休學，只能窩在鄉下老家耕田，

不配做我們的同學啦！

總喜歡做奇怪的實驗……那你實驗做出了什麼結論呢？

哈哈！我看你也不知道吧？

成績不好……？

沒錯！牛頓小時候只喜歡觀察自然和動手做，在校成績其實並不優秀……

要不是誤打誤撞讓牛頓覺醒，我們根本回不來啊！

別太在意啦～反正平安回家就好……

萬歲!!

耶～終於回家了!!

痛痛痛……

竟然偷偷跑來學校亂動我的體驗機……還好你們有順利完成題目，否則後果不堪設想啊！

統統給我滾回家睡覺去!!

痛痛痛……

對……對不起……

在同學們的刺激下，牛頓激發了鬥志……

並重新進入格蘭瑟姆的學校，繼續未完成的學業！

牛頓篇
第二課：三稜鏡與
　　　　萬有引力

呃……仁傑你怎麼又偷偷來學校了？

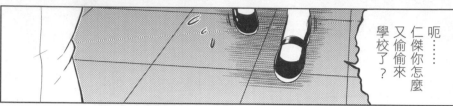

老師才交代我們不可以亂用時光體驗機，萬一回不來怎麼辦？

唉唷，妳很膽小耶～

早點完成就可以玩整個暑假了啊！

那麼擔心的話幹嘛跟我來呢？

呃……那是因為……

那個……

害羞～
害羞～

因為妳也想早點完成作業去玩對吧！

......

因為......那個......

話說回來，為什麼小颯這次沒阻止我們呢？

呃......

HA HA HA HA

主人最近養了一隻貓......我超擔心被吃掉的啊！

哈哈哈～所以你才想逃得愈遠愈好嗎？

那就出發囉！

咔咔咔

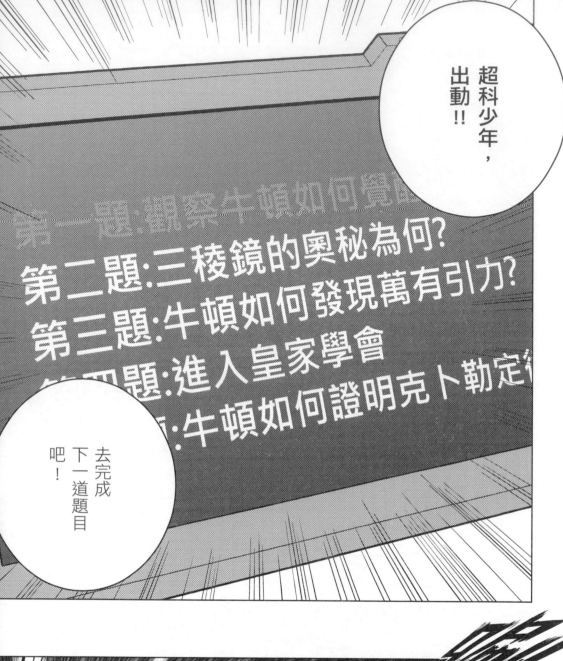

超科少年，出動!!

第一題：觀察牛頓如何覺醒
第二題：三稜鏡的奧秘為何?
第三題：牛頓如何發現萬有引力?
第四題：進入皇家學會
第五題：牛頓如何證明克卜勒定律

去完成下一道題目吧!

不要貿然跟他打招呼啊！變身披風‼

啊！

？

笨蛋！現在是一六六五年喔！

好久不見了‼

……好面熟……兩位……該不會是仁傑和亞琦吧？

離我們上次見到牛頓足足差了快十年啊！你們如果還是小孩的模樣會讓他起疑的！

所以我用變身披風改變了光線的反射，現在在牛頓眼裡你們看起來是二十歲的

大概有十年不見啦！你們又是跟家人一起做生意來到這裡嗎？

呃……

哈哈……

對對對對～沒錯……

牛頓眼中的模樣

雖然想跟各位多聊聊，但我還有課要上，以後有機會再聊了。

牛頓恩師 巴羅

真難得啊～是艾薩克的朋友嗎？

辛苦了！巴羅老師！您借我的書我會好好研讀的！

牛頓他……不太一樣了呢……

覺醒之後的他好像變得更開朗了……

走吧！兩位！到我的房間吧！

……
變開朗了
才怪!

呼呼呼……
好不容易跟巴羅老師
借到了書……
一定要來好好研讀
一番……

還有哥白尼……
克卜勒……笛卡兒
等等大師的著作……
劍橋三一學院
真是個寶藏啊!

嘿嘿嘿

原來是因為
有很多知識可以
研究所以才這麼
有精神……

本質還是個
陰沉的傢伙
啊……

50

咦……？

沙沙沙…

是貓
啊啊啊!!

牛頓竟然
也有養貓？

不行了！
我要回去，
先告辭！

怕什麼！
不過是隻
貓而已
啊~

笨蛋！
我才不想
賭命啊！

……巴羅老師？

大事不好了！艾薩克！

黑死病又開始在倫敦蔓延了！

所以校方決定無限期關閉校園！

總之趁著疫情爆發前，先躲回老家避難吧！

牛頓恩師 巴羅

……什麼？

52

十四世紀時，黑死病侵襲全歐洲，至少造成七千五百萬人死亡！

而在一六六五年，倫敦又再度爆發一場大瘟疫！

為了避難，牛頓只得暫時回到鄉下老家……

哇……行李好多……

都是書……

……到囉！

多謝你們幫忙我搬家……

那麼……

又變陰沉啦！！

我要繼續看書了……

艾薩克！

離開充滿書本的三一學院後，牛頓又變回以前自閉的樣子……

咔…

好懶……

我只想看書……

一回家又窩在房間裡看書……

行李也不整理一下！另外農場的水果也要採收了！快來幫忙啊！

這玩具好有趣喔，這是？

被三稜鏡的光引開了……好險好險……

唔嗯……讓光變色嗎？

那是我在倫敦市集買的小玩具，據說可以製造出漂亮的顏色……

不過我還沒玩過就是了……

如果再加一個三稜鏡的話……

哇喔！變回白光了？

嗯……

或許不是讓光變色……而是讓光分離？

分離的光再透過三稜鏡變回原本的白光……

也就是說，其實我們肉眼所見白光是由各種七彩的顏色所組成的囉？

有趣！值得研究看看！

哇……真是研究狂啊！

妳看
妳看！

我把農場裡的蘋果全部採收下來囉！

看起來超好吃啊！！

呼……
終於整理完了……

喂～
亞琦！

全部的蘋果？
一顆不剩嗎？
完全沒了嗎？

當～然～！

我做事可是毫不馬虎的喔！

笨蛋～!!

牛頓現在正在蘋果樹下看書耶!

這樣一來作業也無法完成，回不去啦!!

咦咦咦咦?這麼嚴重嗎?

他就是因為被蘋果打到頭才發現了萬有引力喔!

你把蘋果都摘光了他要怎麼發現?

真是的～你總是愛闖禍……

喵

喵喔喔喔喔！

對了！我還有變身披風啊！

啊嗚啊啊
啊……

竟然一路
追到樹上……
沒有退路啦！

變身！！

小颯變成的蘋果

叩
!!

蘋果……?

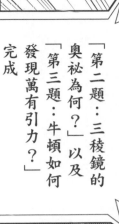

登登登
！！

「第二題：三稜鏡的奧祕為何？」以及「第三題：牛頓如何發現萬有引力？」完成

觀察牛頓如何覺醒
三稜鏡的奧祕為何？
第三題：牛頓如何發現萬有引力？
第四題：進入皇家學會

太棒了！
一次完成
兩題耶！！

小颯你
太棒了！

呼……
我可是搏命
演出啊……

好！
回去吧！

咻

怒

又給我跑去偷玩啦……

嗚啊……老師……

對……對不起……

全部給我提水桶到走廊罰站！

嗚哇～對不起啦～

在回鄉躲避黑死病的兩年中……

牛頓陸續發現了光的特性、萬有引力等，並發明了微積分。替近代物理學做出了不少貢獻。

後人也將這段時間稱為牛頓的奇蹟之年！

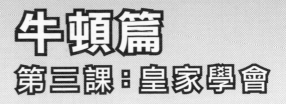

牛頓篇
第三課：皇家學會

一六七一年 劍橋三一學院

法線為與反射面互相垂直的線，

而入射線與法線垂直的角稱為入射角，反射線與法線……

我們稱射向鏡面的光線為入射線，

反射出來的是反射線……

沒想到瘟疫結束之後，牛頓一回學校沒多久就升上教授了呢！

是啊～

不過他在教什麼完全都聽不懂呢～哈哈哈哈～

老師為什麼要送我們來這個時間點啊？

聽好!

老師已經把時光體驗機修好了!

疑～??

不過……為了懲罰你們每次都來偷玩……

如果你們沒有完成題目,中途就回來的話……

該題目就算答錯!我會扣分喔!

好!下一題是「進入皇家學會」!時間點是一六七一年!

你們好好去體驗一下吧!

這樣我也可以提早下課，有更多時間可以一個人做研究了……

沒關係……

教授的職位也是巴羅老師推薦我去做的，老實說我對於和人接觸沒什麼興趣……

真是孤僻……完全不想和人接觸的牛頓到底該如何加入皇家學會呢？

嗚啊……

啊!
是雞蛋。

買幾顆回去煮吧。

雞蛋雞蛋雞蛋~

之前我肚子餓吃光了他的雞蛋時,他超哀傷的~

蛋......蛋蛋呢?

他們昨天還在的啊!

嗯?竟然被雞蛋吸引過去了?

是啊,牛頓超愛吃雞蛋的~

......午餐只吃蛋嗎?

走吧!回我宿舍吃午餐吧!

咕嚕...

咕嚕...

哇,好多玩具啊!

牛頓,這些都是你自己做的嗎?

那不是玩具,是我的研究。

不可以！

那支望遠鏡還在研發階段，待會我還要仔細研究……

咚一！

這個看起來挺有趣的，借我玩玩吧！

他本來就沒什麼朋友啊……

嘖～真是的，小氣鬼～你會沒朋友喔～

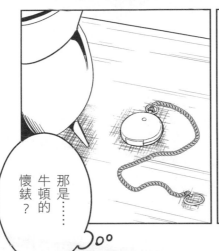

那是……牛頓的懷錶？

雞蛋……
應該煮好
了吧……

唉……
得趕快來
修理才行
……

啊！我的
懷錶？

真是的……
我什麼時候
把懷錶一起
丟下去了……

實在太
糊塗啦！

啊！既然牛頓你
要先修理懷錶的話，
那望遠鏡就先
借我玩囉？

喔好……

別弄壞囉！

仁傑你太壞了啦！竟然做這種惡作劇！

嘿嘿，別計較啦～這望遠鏡挺好玩的呢！

嗯嗯……

看來是利用反射原理做成的，所以筒身長度可以變短很多呢。

哇～連小颯的毛都看得一清二楚呢～

別偷窺啦！

聽說用反射原理做的望遠鏡可以看到非常遠的地方，但是畫面容易不清楚……看來牛頓為了提高畫質，在鏡片的打磨上下了很多工夫啊！

真是了不起呢……

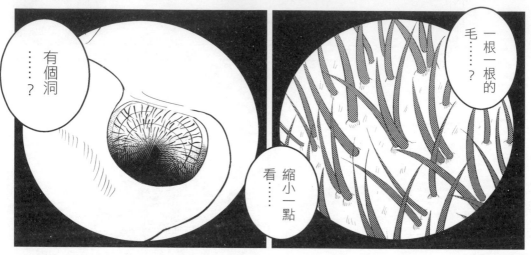

原來是巴羅老師的鼻孔啊！

嗯……你們兩個是艾薩克的朋友吧？這是……什麼東西？

好久不見了巴羅老師！

這是牛頓發明的望遠鏡啊！

喔？瞧瞧……借我

…………！

了不起的發明啊！

竟然能把遙遠的影像看得這麼清晰……

真是了不起啊！

快！快帶我去找艾薩克！

你怎麼回學校了？

巴羅老師？

咄！

艾薩克！

憑你發明的望遠鏡……只當教授太可惜了！

靠這項發明，一定可以加入皇家學會的！

……？

皇家學會……

可是……這樣一來就要面對很多人還得和許多不認識的學者交流……

我……只想自己做研究……

80

笨蛋!!學術研究這東西可不是一個人埋頭苦幹啊!

自然知識不就是經由眾人的實驗討論所歸納出來的結果嗎?皇家學會就是聚集了許多這種人的地方啊!

只要多和眾人切磋交流……你一定可以更快突破瓶頸!研究出更多偉大的發明啊!

踏出這一步對你一定有幫助的!

你不是說過,會把大家都不懂的東西全部解釋清楚嗎?

是啊!牛頓!

HAHAHA

拖

總之先跟我一起來學會一趟吧!艾薩克!

英國皇家學會

哇喔～
是皇家學會
耶～

妳興奮
什麼啊……

你這笨蛋
不懂的啦，
學會可是出了
很多名人喔！

發現哈雷彗星的
哈雷、發明
避雷針的富蘭克林，
電腦科學之父
艾倫圖靈……

好期待看到
本尊喔～

喀咔！

咚——！

你覺得一隻豬有四個頭的話他要如何判定身體該往哪去？

身體的器官機能要考慮進去嗎？

那邊在討論四頭豬，我們來討論雙頭牛吧。

為什麼是牛？

密封起來的起司為什麼會長蟲呢？

大概是上帝的意志吧。

不准討論宗教議題！

好像怪怪的……

……

……

哇啊啊啊啊!!

有老鼠屍體啊!!

剛剛是這隻老鼠在講話嗎?

真是太……神奇了!一定要來解剖研究研究……

沒!沒啦!剛剛是我的聲音……

嗚啊……科學家們都是一群怪咖啊……

嗯……小女孩妳的衣服和五官也很奇特呢……

是從哪個國家來的呢?

我聽說過了，你發明的望遠鏡相當厲害喔！

你好～請問你就是牛頓嗎？

請多多指教！

我是哈雷，這位是雷恩！

哇喔～

是發現哈雷彗星的哈雷！還有重建倫敦的偉大建築師雷恩！

唉啊啊～什麼事那麼熱鬧啊？

別小看我艾薩克‧牛頓啊！

我會加入皇家學會！用我的發明讓你笑不出來的！

雖然說是交流切磋……不過看起來好不妙啊……

登登登！
「第四題：加入皇家學會」完成!!

第一題：……
第二題：……
第三題：牛頓如何證明補寫……
第四題：進入皇家學會
第五題：牛頓如何證明克卜勒……

之後，牛頓與虎克在光學這塊領域上成了勁敵！

兩人不但各有成就，也私底下以書信互相爭論長達三十一年！

其爭論持續到虎克去世，牛頓也在之後正式出版了《光學》一書，成為影響現代物理學甚鉅的著作。

牛頓篇
第四課：煉金術與克卜勒定律

你在懷念什麼？

雖然牛頓這邊確實過了十幾年……不過距離我們上次來也才半小時而已啊！

哇～好久沒來找牛頓了！好懷念喔！

趕緊做作業吧！剩最後一題了！

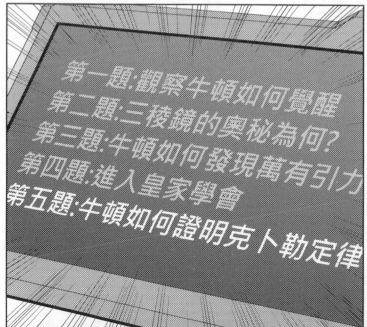

第一題:觀察牛頓如何覺醒
第二題:三稜鏡的奧秘為何?
第三題:牛頓如何發現萬有引力
第四題:進入皇家學會
第五題:牛頓如何證明克卜勒定律

90

Isaac Newton

差不多了，再來只要放一陣子……就能進行下一步驟了……

嘿嘿嘿……

……原來
牛頓也會
煉金術啊？

那我要
請他幫我
煉出零用錢

你想像的
那個東西
叫做印鈔機。

在這個時代，
煉金術和科學
是密不可分的！

牛頓對神祕學的
研究也間接
促成了他在
科學上的貢獻喔！

那三個
捲捲頭
好眼熟……

原來
如此……

嗯……？

是皇家學會的怪怪科學家們！

啊！

哈哈哈！我知道啦！

那個三就是貓克、拉雷、哈恩對吧？

......

噓！小聲點啦！

別亂罵人家怪人！

雖然真的很怪，不過他們可是貢獻卓越的科學家喔！

連名字都記錯......

聽好了！那三個人是......

雷恩

英國天文學家、建築師。
一六六六年倫敦發生大火，燒毀不少建築
物，雷恩提出了倫敦修復方案，並協助重
建了眾多教堂與公共設施。

虎克

英國物理學家、發明家。
提出了彈性材料為主的虎克定律，並用
顯微鏡觀察小生物，發明萬向接頭，也
協助了倫敦大火後的重建工作。

哈雷

英國天文學家、氣象學家。
計算出哈雷彗星的公轉軌道，並預測該彗星會
再次出現。建立了高度對氣壓的表，並說明如
何計算山的高度。

對了，昨天我在研究行星軌道論……

你們知道行星軌道是什麼形狀嗎？

這還用問，不就是橢圓形嗎？

咦？原來虎克你知道啊！

廢話，不就克卜勒的理論嗎？

對，這就是問題！雖然克卜勒提出了理論，但目前還是沒有數學公式能夠證明。

難道虎克你已經推算出來了嗎？

廢話,你們當我是誰?

難道我算出來還要跟你們講?

嗯……那推算的證明可以給我們看嗎?

摸…

呃……那種東西我怎麼可能隨身帶在身上啦!

這樣啊……我也不希望拖太久忘了……如果你能盡快整理出來給我看的話,我就提供你一份獎品吧!

哈哈哈!那有什麼問題!

我馬上回家整理!絕對讓你們刮目相看!

嗯……感覺他在打腫臉充胖子啊……

真是不可信賴……

唉……那到底有誰可以證明克卜勒的理論呢……

虎克大概是說謊心虛吧！

他跟主人一樣，說謊時會不自覺的摸著脖子！

有！
牛頓
可以！！

嗯？

找他準沒錯！

我當然不知道！可是題目暗示的太明顯啦！那個什麼克卜勒定律的一定是牛頓證明的！

咦？仁傑你怎麼知道牛頓可以？

說不定他也有在研究……

對喔……可以問問看牛頓呢……

牛頓～

你在嗎？

哇 哇 哇 哇 哇…

唔……

呃……那個……

又變得更陰沉啦……

瞄⋯

我們是想問你⋯⋯

對克卜勒的理論有沒有研究⋯⋯

你能證明行星的軌道是橢圓形的嗎?

他的意思是在他桌上的資料有,叫我們自己去翻～

⋯⋯?

呃⋯⋯資料都燒焦了⋯⋯

啊!!我剛剛嚇到牛頓的時候不小心打翻鍋爐燒到資料⋯⋯

糟糕⋯⋯

聽說虎克可以證明克卜勒的理論喔！

虎克他……

嗯？妳在說什麼？

……虎克他

嘘～這是為了激起牛頓的鬥志啦！

牛頓想像圖

不可原諒!!

哈雷先生!
你等著吧!

我會立刻
整理好資料!
並且證明
克卜勒的理論!
絕對不會讓
虎克那混帳
搶先一步的!

第一題:觀察牛頓如何覺醒
第二題:三稜鏡的奧秘為何?
第三題:牛頓如何發現萬有引力?
第四題:進入皇家學會
第五題:牛頓如何證明克卜勒定律?

登登登!

「第五題:牛頓
如何證明克卜勒
定律?」完成!!

題目全部完成!!
恭喜兩位!!

我也不知道該如何解釋⋯⋯

呃⋯⋯

牛頓⋯⋯那兩人究竟是⋯⋯？

⋯⋯真的要說也算是我的良師兼益友吧。

沒什麼！別在意！哈哈哈！你說那兩個小鬼嗎？巨人？就像是站在巨人的肩膀上啊！他們讓我比其他人看得更遠！

沒想到你們全部完成了？太了不起了。

哈哈哈哈！哪有那麼簡單！

嘿嘿，就說別小看我們啊。那麼依照約定，我們的暑假作業就算完成了吧？

咦！不是全部完成了嗎？

名人可不是只有牛頓，還有其他很多人喔！

超科少年的任務還多著呢！

原來還有其他人！老師你這騙子！

哈哈哈！

暑假還長得很！怎麼可能輕輕鬆鬆就放過你們呢？

不過話說回來……後來牛頓把那份證明完成了嗎？

那個啊？

牛頓後來寫了一封長達九頁的信，把行星軌道等數學證明寄給了哈雷，

後來也依據那封信的內容，完成了一本科學巨著——《自然哲學與數學原理》。

哇，好厲害！

那虎克的證明呢？

這就沒人知道囉！

啊!!糟糕!!

咦？怎麼了？

……我忘記找牛頓幫我煉出零用錢了！

……真是朽木不可雕也……

花絮篇

BEHIND the SCENES

各位好,很榮幸能夠跟大家聊聊關於這次作品的一些小事情。

我是好面

我是彭傑

有關科學家漫畫在前期的資料收集階段,最困難的除了這些科學家做過哪些事之外,

看到蘋果掉下來⋯⋯

到提出萬有引力定律的中間到底發生了什麼事呢?

還有一個難處是為什麼這些科學家會發現某些東西?

不過幸好經過多方討論,決定用第三人來引導科學家慢慢發現一些東西這樣的設定,後來發現這個方式還滿不錯的。

所以仁傑、亞琦、小颯還有老師就這樣出現了。

一開始亞琦設定是穿褲子的。

其實一開始的版本並沒有小颯,而是一個壞心小鬼。

後來因為眾多考量,所以把他拿掉了,換成現在的飛鼠。

說到牛頓，大家應該都聽過他因為蘋果而發現地心引力的事，不過其實這件事是眾說紛紜。

有一說是牛頓被蘋果打到頭。

有一說是牛頓只是看到蘋果掉下來。

有一說是別人問牛頓，牛頓隨便掰的。

有一說是牛頓拿這個當上課主題。

不過不管真相如何，我想對於解釋牛頓運動律來說，這都是一個好的起頭。

另外許多資料普遍都指出，牛頓實際上是個個性不太好的傢伙。

據說虎克因為太常批評他，所以虎克死後，有關虎克的資料與畫像都被牛頓偷偷銷毀了。

所以虎克並沒有肖像畫保留下來，但後來有人靠著一些描述畫了虎克的畫像。

虎克

牛頓後來沉迷於煉金術，因此有人認為牛頓精神狀況出問題，應該是因為汞中毒。

不過，不管怎麼說，煉金術可是現代化學實驗的雛型喔！

煉金少女牛頓？

牛頓死後與許多英國的偉人、歷代君主一起葬在西敏寺。劍橋三一學院裡還種了一顆蘋果樹紀念牛頓。

聽說牛津大學也從牛頓老家剪了蘋果枝，種在學校裡面呢。

Super Science Jr.

超科少年

SSJ1

力學奇葩牛頓

MECHANICS

漫畫科普系列 001

超科少年‧SSJ
Super Science Jr.
力學奇葩牛頓

漫畫創作｜好面 & 彭傑  友善文創 Friendly Land
插畫｜水腦、王佩娟
整理撰文｜漫畫科普編輯小組
責任編輯｜周彥彤、呂育修、陳佳聖
美術設計｜今日設計工作室
責任行銷｜陳雅婷、劉盈萱

天下雜誌群創辦人｜殷允芃
董事長兼執行長｜何琦瑜
兒童產品事業群
副總經理｜林彥傑
總編輯｜林欣靜
版權專員｜何晨瑋、黃微真

出版者｜親子天下股份有限公司
地址｜台北市 104 建國北路一段 96 號 4 樓
電話｜（02）2509-2800　傳真｜（02）2509-2462
網址｜www.parenting.com.tw
讀者服務專線｜（02）2662-0332　週一～週五：09:00~17:30
讀者服務傳真｜（02）2662-6048　客服信箱｜bill@cw.com.tw
法律顧問｜台英國際商務法律事務所‧羅明通律師
製版印刷｜中原造像股份有限公司
總經銷｜大和圖書有限公司　電話：（02）8990-2588

出版日期｜2015 年 12 月第一版第一次印行
　　　　　2022 年 5 月第一版第十三次印行
定價｜350 元
書號｜BKKKC045P
ＩＳＢＮ｜978-986-92486-2-4（平裝）

訂購服務
親子天下 Shopping｜shopping.parenting.com.tw
海外‧大量訂購｜parenting@cw.com.tw
書香花園｜台北市建國北路二段 6 巷 11 號 電話（02）2506-1635
劃撥帳號｜50331356 親子天下股份有限公司

國家圖書館出版品預行編目資料

超科少年‧SSJ：力學奇葩牛頓
漫畫創作｜好面&彭傑(友善文創) /整理撰文｜漫畫科普編輯小組.
-- 第一版. -- 臺北市：親子天下, 2015.12
192面；17X23公分. -- (漫畫科學家；1)
ISBN 978-986-92486-2-4 (平裝)
1.牛頓(Newton, Isaac, Sir, 1642-1727) 2.科學家 3.傳記 4.漫畫

308.9　　　　　　　　　　104024703

立即購買 >

推薦序

漫迷 vs. 科普知識讀本

文：鄭國威（泛科學網站總編輯）

　　總有一種文本呈現方式可以把一個人完全勾住，有的人是電影，有的人是小說，而對我來說則是漫畫。不過這一點也不稀奇，跟我一樣愛看漫畫成痴的人，全世界至少也有個幾億人吧，所以用主流娛樂來稱呼漫畫一點也不為過。正在看這篇推薦文的你，想必也是漫畫熱愛者！

　　漫畫，特別是受日本漫畫影響甚深的台灣，對這種文本的普及接觸已經超過30年，現在年齡35—45歲的社會中堅，許多都經歷過日漫黃金時代，對漫畫的魅力非常了解，這群人如今或許也為人父母，就跟我一樣。你現在會看到這篇推薦文，要不是你是爸媽本人 (XD)，不然就是爸媽長輩買了這本書給你吧。你可能也知道，針對小學階段的科學漫畫其實很多，在超商都會看見，不過都是從韓國代理翻譯進來的，台灣自己的作品就如同整體漫畫市場一樣，非常稀缺。親子天下策劃這系列《漫畫科普系列》，我想也是有感於不能繼續缺席吧。

　　《漫畫科普系列》第一波主打包括牛頓、達爾文、法拉第、伽利略四位，每一位的生平故事跟科學成就都很精彩且重要。不過既然針對求學階段讀者，用漫畫的形式來說故事，那就讓我這個資深漫迷 X 科學網站總編輯先來給你 3 個建議：

　　第一、所有嘗試轉譯與普及科學知識的努力必然都會撞上「不夠嚴謹之牆」。身為科學傳播從業人士，我每天都在想該如何在科學知識嚴謹性，趣味性跟速度感之間取得平衡，簡單來說就是一直在撞牆啦！儘管如此，我們最歡迎的就是挑

剔的讀者了，所以儘管漫畫很好看，但我希望你一定要挑剔，把你不太明白或有疑惑的地方都列出來，問老師、上網、到圖書館，或寫Email給編輯部，把問題搞個水落石出喔！

第二、科學人物史是科學與人文的結合，而儘管《漫畫科普系列》系列介紹的科學家都是超傳奇人物，故事早已傳頌，但要記得歷史記載的都只是一部分面向。另外，這些人之所以重要，當然是因為他們提出的科學發現跟見解，如果有空，就全家一起去科學博物館或科學教育館逛逛，可以與書中的內容相互印證，會更有趣喔！

第三、從漫迷的角度來看，《漫畫科普系列》的畫技成熟，明顯的日式畫風對台灣讀者應該很好接受。書中男女主角的性格稍微典型了些，例如男生愛玩負責吐槽，女生認真時常被虧，身為讀者可以試著跳脫這些設定，不用被侷限。

我衷心期盼《漫畫科普系列》能夠獲得眾多年輕讀者的喜愛／批評，也希望親子天下能夠持續與國內漫畫家、科學人、科學傳播專業者合作，打造更多更精彩的知識漫畫，於公，可以替科學傳播領域打好根基，於私，我的女兒跟我也多了可以一起讀的好書。

導讀

是最後的煉金術師，還是第一位科學家？ 文／黃崇源（中央大學天文所教授）

　　很多人小時候對科學家的第一印象，可能都是來自牛頓把他的懷錶當成雞蛋煮。印象中的牛頓，應該只是一位沉迷於科學研究的物理天才。不過近代研究發現，真實的牛頓跟傳統印象中的牛頓其實相去甚遠。很多誤解，除了部分是因為人們為賢者諱外，主要是時空環境的差異所造成的。本書嘗試以漫畫及半詼諧的方式帶大家回到牛頓時代，讓我們認識真實的牛頓。看牛頓在那科學才剛萌芽的年代中，如何以個人之力撥開雲霧，現出科學的理性光芒。另一方面，也詳實描述牛頓的人格及行為特點與缺點。讓我們認清一個理性時代奠基者的許多不理性行為。本書用語詼諧，可以增進閱讀的樂趣，描述的重點也都客觀精確。

　　近代對牛頓的研究最讓許多人驚訝的事之一，可能是牛頓在煉金術上的研究。事實上牛頓花在煉金術上的時間，可能比花在研究萬有引力、力學、光學及數學上的時間總和還要多。他留下的手稿，許多也都是關於煉金術的。這些內容在當初都不太為人知，部分原因是煉金術在當時是上不了檯面的事。設想如果當初牛頓只專心在煉金術上，而不「浪費」少許時間在萬有引力、力學及光學上，那我們的科學發展可能就要全部改寫了。以今天的眼光來看，這些煉金術的結果雖然沒什麼用。但牛頓在煉金術上的詳細紀錄、觀察和比較的方法卻為現代系統的科學方法樹立良好的典範。而他本人的煉金術經驗，也讓他在鑄幣局的工作上能發揮所長。不只鑄幣精確，產量也大增。

　　牛頓為何那麼喜歡煉金術？雖然牛頓是知名的物理天才，但他的大部分煉金術實驗卻比較像是化學實驗。而這喜好也許跟他小時候住在藥局的經驗有關。另一方面，他可能也很貪財。他曾經參於炒股，大舉買進當時飆漲的南海公司股票。一開始賺了 7,000 英金鎊。第二次進場，後來卻賠了 20,000 英鎊。相當於他當鑄幣局局長 10 年的薪水。因此他說：「他可以計算天體的運行，卻無法估計人心的瘋狂。」從現代物理角度來看，天體的運行只需考慮的太陽與行星的二體連心力，是一種線性的現象。而股價的漲跌卻是多人的共同交易，牽涉到多人互相交易，需要考慮的是多體的非線性交互作用。這種非線性現象一直到近代電腦發展後，人們才能有較仔細的研究。難怪牛頓無法估計人心的瘋狂。不過牛頓還是理財有道，在 1720 年幾乎賠掉他所有的積蓄之後，他在 1727 年過世的時候，還是非常富有。

　　其實科學家也是人，大部分的科學家跟一般人一樣也都有許多人格或人性的缺點以及不理性的時候。而科學家因為工作的關係，常會把他們的缺點發揮的更淋漓盡致。例如牛頓對待他的敵人虎克的方式。而我們對科學天才「誤解」，可能只是因為我們凡人的「白」無法理解天才的「黑」。

chapter
1
閃問記者會

Sir Isaac Newton

title： **10個閃問穿越記者會**

各位 書上的來賓大家好，歡迎來到「10個閃問穿越記者會」，今天的來賓有點孤僻、難搞，喔～不是，是有原則、有格調，所以大家千萬注意不要問太「刺激」的問題，以防我們的來賓暴走。現在就歡迎今天的來賓，蘋果讓你頭好壯壯的天才科學家——牛頓。

牛頓先生您好，我是今天的主持人小蘋果，非常謝謝您遠從17世紀的英國來到這裡，現場有好多崇拜您的粉絲，他們對您的萬有引力發展過程，非常有興趣，特別準備10個問題來請教您：

首先第1個問題就是大家都有讀到一個蘋果和萬有引力的故事，請問您真的是因為蘋果剛好砸中頭，才突然冒出萬有引力的靈感嗎？

這是個很好的研究問題，首先在我的認知中，蘋果是一種可食用並具有營養價值的水果，會問這個問題的人可能是外星人，不知道蘋果可以吃，我建議這些人可以找機會好好研究一下蘋果的真正用途。

呃～謝謝牛頓先生提醒我們蘋果是拿來吃的（汗），所以故事應該是假的，那麼趕快進行下一個問題。第2個問題是你在研究萬有引力的過程中，有哪些科學家的理論對您幫助最多？

這個問題就太小看我了，萬有引力完全是我一個人所提出的嶄新理論，我那時候的人都不懂這些東西，這對他們來說太難了，哈哈哈！

那個牛頓先生，聽說伽利略先生和克卜勒先生的理論幫了您不少……（小聲）。

有嗎（瞪）？

沒有沒有，那我們緊接著問第3個問題，您在萬有引力的研究過程中，會需要用到哪些科學能力？

嗯，這個問題很好，首先你需要有一定數學能力，包括要對幾何、代數和微積分有一定程度的了解，再來是要懂得運用科學的研究方法，這是非常關鍵的，因為不管你用什麼方法研究，最終一定要遵守科學的研究脈絡，要懂得利用數學、物理等技巧，確實闡述和證明你的理論，並且要能夠套用在不同的情況，建立通則，這才可以獲得最正確的內容。

不愧是大科學家，那麼如果您那時沒有發現到萬有引力的話，誰又有可能會提出類似的理論？

我怎麼可能不會發現，我可是萬中選一的天才，下一題。

那個，那個，有個問題不知道該不該問您？您的死對頭，虎克先生也有提出類似萬有引力的看法，請問您覺得他的見解如何？

不用怕，事情都過了400多年了，我已經不再是以前的我了，虎克那個想法其實跟我的理論很類似，不過他就是敗在數學太差、數學太差、數學太差，因為很重要，所以說3遍。各位現場的朋友一定要學好數學，不然就像那個虎克數學沒學好，沒辦法證明自己的理論，輸到看不到我的車尾燈，哈哈哈哈哈！

當科學家沒那麼簡單，
數學、幾何、代數和微積分，
我都嘛很會喔！！（奸笑）

謝謝牛頓先生對我們的諄諄教誨，大家一定要學好數學啊！第6個問題是您研究萬有引力這麼久了，也有出版《自然哲學的數學原理》，而還有哪些問題是您還沒有解決的嗎？

科學就是如此，當你覺得已經把主題研究透徹時，又會突然冒出新的問題，這種無止盡的追求雖然有時讓人沮喪，但卻也是科學的醍醐味所在，我雖然看似研究萬有引力有所成果，但是卻還是不明白物體與物體之間的這種吸引力從何而來，為什麼物體會出現這種吸引力呢？你們現在有研究出來了嗎？

什麼，沒想到牛頓先生竟然也有不知道的地方，還求助我們。嘿嘿嘿，現場知道的朋友可以私下跟牛頓先生說，他有準備小

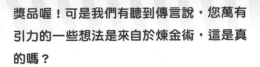

獎品喔！可是我們有聽到傳言說，您萬有引力的一些想法是來自於煉金術，這是真的嗎？

噓～你從哪邊知道的，不過也不用特別隱瞞，我確實從中得到部分靈感，不管是煉金術這種江湖術士傳言，或是現在我們的自然科學也好，只要你所持的態度是科學的，任何謠言或是不實的理論都會被你破解，所以不要事先否定或是堅持自己的成見，要學習放開心胸。

請問，萬有引力是您最偉大的成就嗎？

不是，事實上萬有引力只是我眾多研究課題中的一個，並非是研究生涯中的終點，不過我的時間太少了，如果能再活上80歲，應該就可以對萬有引力了解得更多。

科學研究就是要心胸開放，不要有所成見！

沒有想到我也成為
科學家腳底下的巨人！

的確，您如果活上160歲，就算沒有研究出什麼，也會被當做研究對象。其實您當初所提的萬有引力公式，又被後來的科學家卡文迪許繼續延伸，加上了一個萬有引力常數，讓公式變成一個等式，您的感想如何？

唉呦，沒想到既然有人可以繼續發展這個公式，有聽過這句話吧，「如果我比別人看得更遠，那是因為我站在巨人的肩上」。沒想到我也成為腳底下的巨人了，學弟，做的不錯喔。

最後一個問題，牛頓先生您在整個研究生涯中，難道都沒有需要感謝的人嗎？

說沒有是騙人的，你們應該也非常了解我的事蹟，我想感謝兩個人，一位是藥劑師克拉克先生，謝謝他在我寄宿這段期間，提供家庭的溫暖並且鼓勵我學習；第二位是大學時的巴羅教授，在我就讀三一學院時不斷支持我，即便那時的課業表現不佳，仍舊對我有信心，甚至舉薦我擔任盧卡斯講座教授。

非常感謝牛頓不辭辛勞來到這裡，也熱心回答了我們這麼多問題，穿越的時間實在有限，若是大家還有疑問，就不妨仔細找找這本書，一定可以解答您對牛頓的疑問，再次謝謝我們的科學奇葩，牛頓先生。

（拍手拍手拍手……）

chapter
2
讚讚劇場

Sir Isaac Newton

title：

頑強的小石子

> 「自然與自然律法為黑夜所隱，上帝說：令牛頓誕生，曙光降臨。」
>
> ——英國詩人波普

如同石頭般堅韌的小生命

1642年12月25日，上帝丟下了一顆小石子，準備在人間激起永生不息的漣漪。懷孕的漢娜躺在床上正忍受著陣痛帶來的痛苦，臥房裡站著漢娜的母親和幾位助產婦人，大家焦急等待漢娜是否能順利生下第一個孩子，就在耶誕日的凌晨，她終於生下一個小嬰兒——艾薩克·牛頓（Isaac Newton），牛頓剛生下時極為衰弱、體型非常小，他的母親回憶，牛頓小到甚至可以放在一瓶1公升的牛奶壺裡，助產的婦人在拿藥的途中，動作慢吞吞的，因為對於孩子是否存活下來感到不樂觀。不過小牛頓就真的如同一顆小石子，石子雖小，但是堅定無比，他奇蹟似活下來，並且壽命比一般人都久，成就也比誰都強。

牛頓的父親呢？怎麼不在身邊陪伴著漢娜，他的父親——老艾薩克，在出生前就已經去世，無法看到牛頓出生，然而老艾薩克離開前依然念念不忘他的太太，所以特地留下不少家產，希望能讓另一半的

▲舊時代婦產科並不發達，多是由女性助產士協助懷孕婦女生產。

生活不虞匱乏。老艾薩克所屬的牛頓家族在英格蘭鄉下的伍思索普郡非常有名望，雖然不是貴族，但是從曾祖父輩開始就有不錯的事業成就，積累不少財產，不過這

▶老艾薩克為漢娜與
牛頓所留下的農莊

些長輩幾乎都不識一字，甚至連自己的名字都不會寫，而家族後代竟然冒出一位大科學家牛頓，應該是當初先人們所無法想像的吧。老艾薩克自然也是位文盲，不過繼承不少家業，可説是典型的富二代，雖然這位富二代無法在事業上更進一步，但是卻也能娶得當地貴族艾斯庫的掌上明珠漢娜——也就是牛頓的母親。據當時文件記載老艾薩克留給漢娜和牛頓不少財產，價值共值459英鎊，當時普通人所留下的遺產也不超過100英鎊，更何況還有234頭羊以及46頭牛，牛頓一下生來就可説是小小開。雖然擁有這麼多資產，但是漢娜還是得親自主持家中內外事務，一邊雇用工人照顧這些牛羊與農田，同時還要細心呵護牛頓長大成人，在繁忙之餘，原本瘦弱的牛頓得以健康成長，也能無後顧之憂讀書上學。

別讓牛頓不開心

　　牛頓3歲前的生活沒有留下太多資料可循，我們不曉得他在這段期間是怎樣的一個小孩？或許就像一般小孩一樣，跟著鄰居同伴一起玩耍嬉戲，或是安安靜靜的待在房屋內陪著母親。我們唯一知道的是3歲後的牛頓不開心了，因為寡居的母親決定再嫁，準備嫁給一位北威塔姆村的有錢牧師史密斯，有了新爸爸應該是一件好事，至少可以彌補牛頓在父愛上的缺漏，但是事情卻急轉直下，漢娜可以前去北威塔姆村嫁給史密斯，但是牛頓卻要留在伍思索普，這麼芭樂的情節簡直跟鄉土劇有得拼。史密斯這個決定稍微可以體會，畢竟牛頓可能被視為一個拖油瓶，但是漢娜竟然也答應這個條件，我們不了解詳細的婚約內容，或許漢娜認為史密斯已經63歲，應該也活不了多久，如此一來就可以很快帶著繼承的財產，回到伍思索普給牛頓更好的生活。而年紀還小的牛頓是否能獲得什麼補償呢？有的，一間重新裝修的空蕩房子、一片土地、還有兩位前來代替

我要那娩史的狗男女、
火藝掉他們的房子一
自殺!!! 所有人陪是一

A: a shit

B: brother (兄弟)、Basterd、(混蛋)
Blasphemer (罵人精)、Brawler (吵架)
Beggar (乞丐)

F: Father、Flatter、(喜阿王)
(爸爸)
Fornicator (通姦)

母職的外公、外婆。小小牛頓一直在想，自己到底犯了什麼錯，為什麼母親就這樣棄自己於不顧？雖然有時會來看他，但終究還是要離開，這種探視非但沒有撫慰心靈，反而是在傷口上灑鹽，這種情緒的拉扯讓牛頓的心理留下不少陰影，讓這顆小石子在伍思索普的房子內又顯得更為孤獨了。

8年後，牧師史密斯去世，牛頓衷心盼望的母親終於回來了。但是，天啊！身邊怎麼又多出3個小屁孩。「艾薩克過來，這是瑪麗、班傑明、漢娜，你是大哥哥囉，要做好榜樣，照顧好弟弟和妹妹。」漢娜與史密斯婚後又生下3個孩子，史密斯去世後，自然而然就帶著這些弟妹回到伍思索普的家中與牛頓團聚。牛頓期待著只是母親啊，當時他還只有11歲，正準備重新接受完整的母愛時，卻又要跟這些小孩分享，這種如同鄉土劇情一般的轉折，卻成為牛頓一生個性孤僻、敏感的原因。雖然這樣說對牛頓很抱歉，但是我們得要感謝牛頓的母親，她對科學的貢獻簡直不亞於牛頓本人，就因為她所塑造的牛頓，才能在後來創造如此偉大的科學成就，簡直是一種另類的教養模範。

我要在簿子上寫個慘字

一生與父親無緣的牛頓，沒見過親生父親，同樣也對繼父不熟悉，不過這位繼父卻留給他一堆書籍與一本精裝筆記本。史密斯畢業於名校牛津大學，蒐藏不少神學書籍，或許就是這些書籍影響牛頓在神學與煉金術上的想法，而精裝筆記本卻讓他有機會填上關於繼父和3位弟妹的想像。毫不意外，筆記本上寫的都是對繼父與現實的怨恨。

人生可不能只有恨

難道牛頓的童年就是這麼慘痛嗎？就沒有什麼美好的回憶嗎？有的，他也曾有過兩小無猜的時光。牛頓一生只與3位女性有所聯繫，一位是愛恨交雜的母親漢娜；一位是在晚年時照顧他的外甥女凱瑟琳·巴頓；最後一位就是兩小無猜的女主角凱瑟琳·史托勒，她是牛頓在中學時寄宿家庭夫妻的女兒。牛頓並沒有說出他與凱瑟琳的感情，我們只能從凱瑟琳的口中了解牛頓對她的愛慕：「我和牛頓曾經彼此喜歡，但是他後來成為劍橋大學的學者後，我就只能把這份感情放在心裡，認為自己已經匹配不上他，深怕影響他的研究工作。」凱瑟琳後來也成為別人的太太，不過牛頓成名後倒是會定期回到伍思索普，有時還會帶著禮物探望凱瑟琳和她的家人。童年的回憶對於牛頓是不堪回首的，充斥痛苦和憎恨，於是他放棄親情的冀望，不想待在家裡，也不想與新弟妹相處，開始轉向一個新的目標，追求不會背叛自己的科學，追尋自己想要知道的一切。

title : # 追尋命中注定的科學之路

拋開束縛，朝科學邁進

　　牛頓小時候並非聞名千里的神童，在這種缺乏安全感的家庭環境，以及母親希望他能夠好好幫忙家務的情形之下，教育的栽培異常缺乏，不過卻也讓他比同年的孩子更顯得心思敏感、並且更急於想找出能夠發洩思考的窗口。就在母親返回伍思索普1年後，牛頓開始進入國王中學就讀，

不過學校實在離伍思索普太遠，因此他必須寄宿在一位藥劑師克拉克先生的家中，這對他來說是一個再好不過的機會。一方面終於可以接受正式的教育，另一方面也可以暫時遠離家中的羈絆，不要再被這些不舒服、不愉快的事所圍繞，並且幸運的是，克拉克先生替他開啟學習科學的一扇大門。

　　國王中學離伍思索普有10公里之遠，

▼當時藥劑師配製藥品的過程

成立於1520年，就算是在牛頓的那個年
代，也已有一百多年歷史，所教授的課程
主要是拉丁文、希臘文以及《聖經》的神
學基礎。不過他對於這些課程興趣缺缺，
老師要求死記背誦的教學方式，無法激盪
出他的思考能力，不過事實上他對於這些
知識吸收得很快，也常在學校的圖書館閱
讀書籍，從日後他用拉丁文寫作和研究受
到神學的影響，就可以知道他還是有認真
上課，只不過課堂上總是表現出漫不經
心，反而讓老師認為他資質普通，上課不
專心，稱不上是位好學生。

一本書開一扇窗

　　有趣的是真正讓牛頓認識到科學的契
機，不是學校、也不是老師，而是一本書
《自然與工藝的神祕》，書本內容詳細介紹
各種器械與製作方法，他為之著迷並且買
了一些手工具，按著書中所介紹的製作方
法，開始打造這些機械。據當時看過這些
傑作的人描述，牛頓在看了一座風力磨坊
後，就回頭做了一台可以用老鼠驅動的風
車；研究各種風箏，試試看哪種造型可以
飛的最高；自己也做了一個紙燈籠，甚至
還把燈籠綁在風箏上，在夜晚嚇別人；還
在家中的牆壁刻畫出一個日晷，可以讓他
隨時隨地讀出時間。不管這些故事是真是
假，都可以了解到牛頓從枯燥無聊的學校
一放學，就立刻投入這些有趣東西的懷
抱，埋頭打造自己的小趣味，甚至可以在

▲風車利用風力作為動力來研磨穀物或是抽水灌溉

他房間牆壁看到許多塗鴉畫作，可以想見
這時候他終於有一個可以寄託的庇護所，
也終於體會到開心的感覺，雖然這些東西
並非可以學習到正規的科學知識，但最起
碼讓他知道科學所帶來的樂趣。

不打不成器

　　牛頓成長在一個充滿不安全感、又沒有
童年玩伴的環境之中，自然不擅與學校的
同學相處，尤其是他這時的思考已經超出
同年的小朋友許多，不被同學所了解似乎
也是理所當然。而一次不知原因的打架，

卻成為把牛頓拉回學校的正軌，或許可以稱為科學史上最重要的一次小朋友打架。牛頓在上學的途中不知什麼原因，被同班的小癟三狠狠的踢了肚子，不但如此，他的班級成績還比牛頓高，這讓牛頓簡直窘到極點，你得要知道正值青春期的少年什麼最重要——面子最重要；然而青春期少年的什麼最旺盛——火氣最旺盛。於是他怒不可抑的吼叫：「放學後操場後面單挑，敢不敢啊！╳（消音）。」

放學後牛頓和對方兩人果真依約單挑，校長的兒子還充當裁判，不料還沒說開始，牛頓顧不得對方比他高大，立刻衝上前狂毆對方，像隻瘋狗一樣，咬到嘴的獵物怎麼可能放手，一股氣把對方壓到地上打，直到對方求饒，就這樣結束了嗎？當然不是，獲勝的牛頓不但打贏對方，嘴巴也不饒人，說：「我不但打贏你，我還要考試考贏你。」不虧是牛頓，從小就心狠手辣，連對方的心理都要摧毀殆盡。此後，牛頓不但考贏他，還躍居班上第一名，從此課業一直保持優異，讓師長刮目相看。雖然打架是不可取的行為，小朋友可不要學啊！但是這場架絕對可以比擬世界大戰，在科學史上留下一筆。

先生你名字有牛，
命中注定回鄉種田

牛頓優異的課業表現已在學校中引人注目，甚至校長也認為他應該進入大學繼續深造，並且主動向他的母親提及這件事，不過漢娜並不是這麼想，她只想讓牛頓愈早回來幫忙家務愈好，因為他是唯一的長子，家中3個小孩還小，她一個人實在忙不過來，最後牛頓依照母親的指示，休學回家幫忙。雖然他對母親一直存在著無法諒解的態度，但還是對母親保持孝順，盡量配合她的決定，甚至日後當母親重病時，牛頓還是會暫停手邊的研究工作，回到她身邊照顧。畢竟伍思索普還是跟國王中學的環境不同，家中依然充滿不舒服的感覺，牛頓在筆記簿記錄著自己的反抗行為：「不喜歡和他們親近……不想聽媽媽的話……和他們打架……和僕人遛出去玩。」

不過農家的工作對於牛頓好像也太難了，不知道是他不喜歡做，還是不願意做。譬如媽媽叫他去放羊，結果羊群亂跑引發破壞，或是所養的豬隻踩壞別人家的玉米田，還被罰錢。牛頓經常趁機開溜，不是跑到樹下看書，就是做木工，心思完全沒有放在農家的事務上，讓漢娜感到非常頭痛。漢娜甚至還聘用一位老僕人來盯他做事，沒想到這位僕人卻成為牛頓指使的對象，把事情都扔給他做，自己又依然故我，想當然爾，這些荒唐的事情原封不動的傳到漢娜耳邊。

此外，牛頓每個星期六還會偷偷支開那位陰魂不散的老僕人，跑到藥劑師克拉克的家中看書，克拉克的哥哥也是國王中學的老師，去世後留下一大堆藏書，牛頓

就跟克拉克先生提議說，他可以幫忙整理書籍，條件就是讓他可以自由看這些書。這些的書題材廣泛，包含物理、生物、哲學、數學等，這算是他第一次接觸到正式的科學知識，其深度和廣度都遠遠超過《自然與工藝的神祕》和學校的課程，也因此奠定他的科學基礎。

臨門一腳，踢入科學大門

漢娜知道牛頓散漫、荒唐的工作情況，同時國王中學的校長也知道他對於農務工作實在沒有興趣，並且渴求知識，於是校長決定再找漢娜一次，希望她可以放手讓牛頓就讀大學，想當然漢娜是千百個不願意，要是牛頓離開家，她還可以依靠誰呢？不過校長加碼提出免學費，加上同樣是劍橋大學畢業的舅舅，在兩人共同說服下，漢娜終於放手，牛頓不但重回國王中學，也開始準備劍橋大學的入學考試。最後牛頓脫離了束縛，但他其實也了解到自己就是獨自一人，沒有朋友和家人也沒關係，畢竟從小就缺乏情感，現在勉強彌補反而只是負擔，只要相信科學能夠為自己帶來樂趣，是可以託付一生的對象，也就足夠了。

▼牛頓曾經就讀的國王中學，位於英格蘭的格蘭瑟姆。

title: 奇蹟的一年：黑暗中的希望之光

從黑色之地拾取七彩稜晶

1665年，黑暗壟罩著倫敦，人民無助的等待黑死病降臨，當時黑死病一共奪去倫敦1/10的人口，約莫10萬人的性命。此時牛頓正從劍橋大學三一學院畢業，當未來還有迷惘時，就因為黑死病的蔓延，被迫回到家中，然而這讓他有時間可以消化大學時所吸收的知識，踏著前人的肩膀，思考數學、光學以及萬有引力等概念，在科學史上邁向前所未有的一大步。

尤其牛頓因為時常磨製透鏡、製作望遠鏡，所以對光學特別有興趣，在讀了笛卡兒（René Descartes）、克卜勒（Johannes Kepler）等人的研究，以及對大學導師巴羅教授（Isaac Barrow）在講授光學上的疑惑，讓他對於當時的光學研究有所質疑。這時手裡拿著從倫敦市集買的三稜鏡，思考著如何進行實驗的牛頓，並未意識到自己將震撼整個科學界。

黑死病

黑死病的正式名稱為腺鼠疫，因為這些病人皮膚會出血而發黑，所以被稱為黑死病，疾病主要兇手是老鼠身上所帶的鼠疫桿菌，而人類生病的傳播媒介卻是這些老鼠身上的跳蚤。當跳蚤吸食帶有鼠疫桿菌的老鼠血液後，鼠疫桿菌會讓跳蚤異常飢餓，急著想要吸食血液，所以此時跳到人身上叮咬，就會讓這些病菌有機會進入我們的體內。中世紀歐洲的衛生環境並不像現在這麼好，所以老鼠橫行街頭，當時也沒有抗生素可供治療，因此病情一旦爆發，死亡人數就會直線上升，根據統計，中世紀歐洲大約30% ～ 60%的人死於腺鼠疫。

▲螢光染色後的鼠疫桿菌。
▶傳播鼠疫的跳蚤。

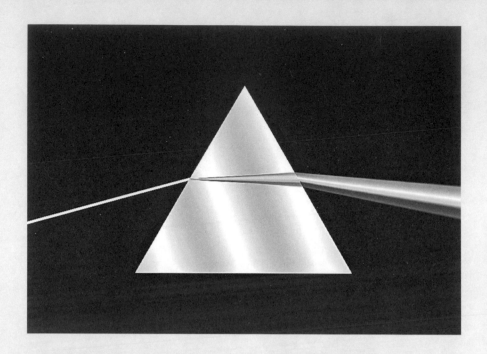

▲光線通過三稜鏡時，會發散出七色彩光（上圖）；不過有時也會發生部分光線發生反射的情形（下圖）。

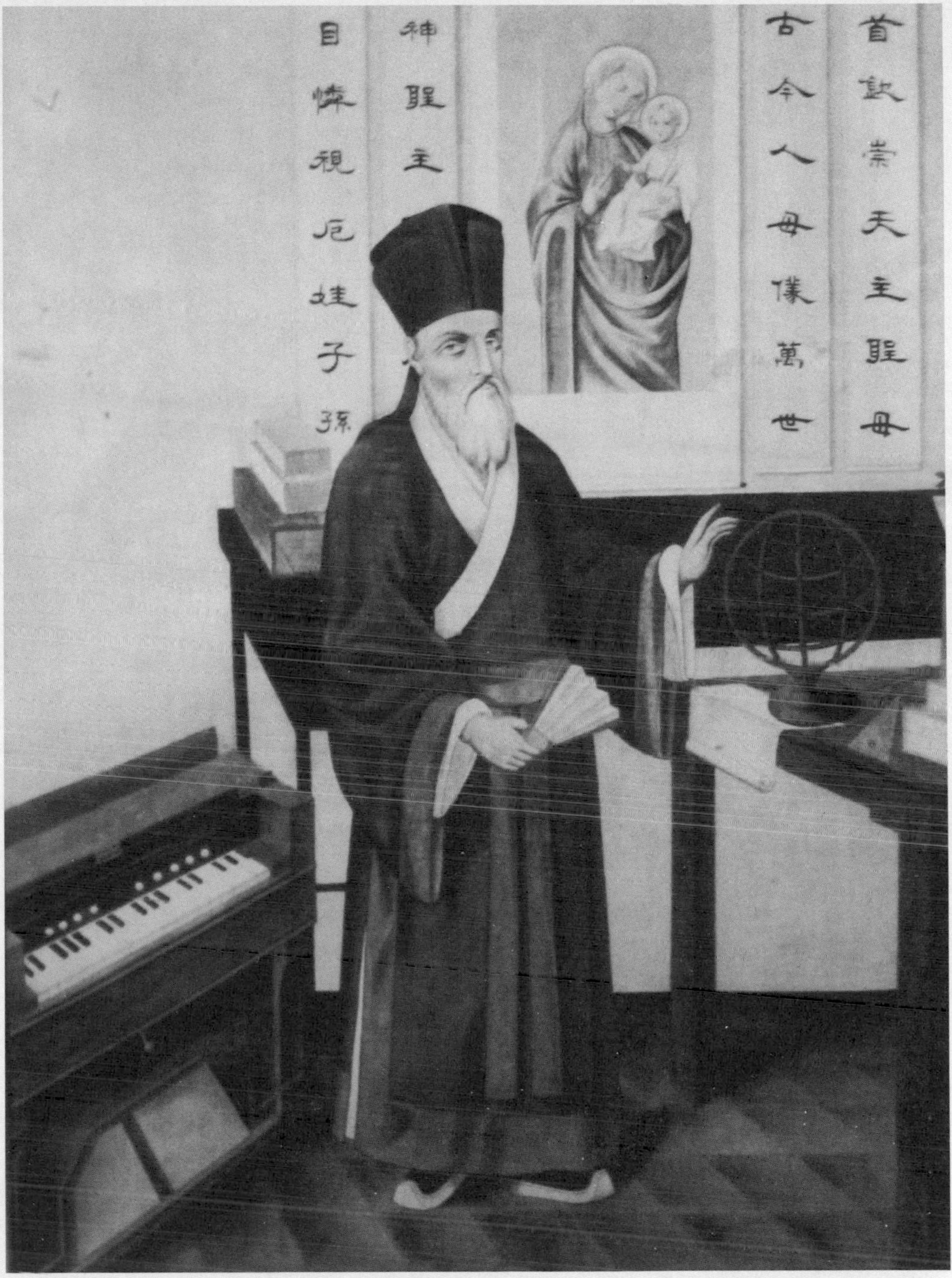

▲義大利傳教士利瑪竇

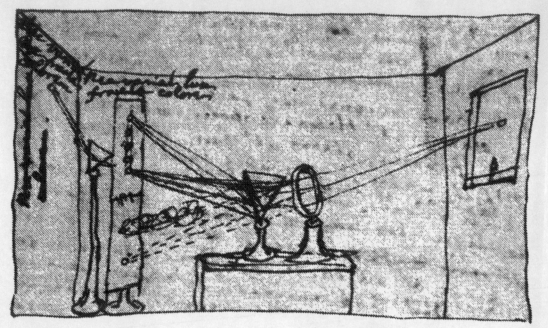

▲當初牛頓三稜鏡實驗的手繪草稿

波動學派與粒子學派的開戰時刻

　　當時光學仍是一門尚待突破的科學，大多數的科學家都集中研究光的反射、折射等性質，並且他們又在光的組成上分成兩個學派：波動學派與粒子學派。波動學派中最人知的科學家是虎克（Robert Hooke），強調光跟聲波一樣，就屬於波的一種形式；粒子學派則是以牛頓最具代表性，認為光是由一顆顆細小的微粒所組成，而牛頓希望利用三稜鏡來證明光是由粒子組成。

　　白光射入三稜鏡散發出七彩光芒已是當時廣為人知的現象，不過三稜鏡只被當作是種玩具，人們只覺得會出現很多顏色的光，很好玩、有趣，不覺得藏有什麼深奧的科學原理，早在1601年，義大利傳教士利瑪竇（Matteo Ricci）就曾在中國明朝皇帝面前用三稜鏡做色散的表演。那麼又有一個問題出現，光為什麼會有顏色？當時的科學家對於光顏色的概念都是承襲亞里斯多德（Aristotle）的想法，認為各種顏色的光僅是亮、暗兩種光根據混合比例不同所產生，譬如說：紅光亮度最亮，是最接近白光的顏色；而藍光的亮度最低，則是最暗的光。他們也認為太陽光透過彩色玻璃，出現不同顏色的原因，是因為具有顏色的玻璃改變光的顏色，就如同將白色衣服放入染缸染色一樣。波動學派的學者自然也是抱持同樣觀點，認為光通

過三稜鏡所散發的各色光線，也是因為三稜鏡本身的材質所導致，但是牛頓卻對此理論不以為然，握住手上的三稜鏡想利用這個機會，狠狠的重擊這些波動說一派的科學家。

一分七，七合一

牛頓認為如果光的顏色會受到三稜鏡而改變，那麼光通過愈多塊三稜鏡，就會產生更多樣的顏色。為了釐清這點，他在室內進行了一項巧妙的實驗，首先盡可能讓屋內保持昏暗，僅在窗戶開了一個小圓孔，同時調整三稜鏡的位置，讓小圓孔進入的光線能夠射入三稜鏡中，如先前人們所觀察的現象，白光從三稜鏡散射出七彩的顏色，不過敏銳的牛頓卻有新的發現，他觀察到這些光線的整體輪廓類似橢圓形，而不是原始白光射入的圓形光束，所以他認為這些不同顏色的光應該是分別以不同角度從三稜鏡中射出。雖然三稜鏡所射出的各種色光似乎連續相接，沒有明顯的間隔存在，但是牛頓還是從中分類成紅、橙、黃、綠、藍、靛、紫等7種顏色，而刻意分成7種顏色，是因為古希臘的7代表的是神祕，似乎牛頓也認為這是自然界所展現的一種神祕現象吧。

接著牛頓要進行實驗中最為關鍵的一步，證明光經過愈多的三稜鏡，顏色是否也會隨之變化，於是他在原本的三稜鏡後面，多加了一塊凸透鏡和三稜鏡，結果沒想到光的顏色不但沒有增加或是變化，反而回歸到原始射入的白光。這項結果證明了光的顏色不是受到三稜鏡的材質所改變，而是白光本來就是由不同顏色的光所組成。牛頓因此稱這項實驗為決定性實驗，認為波動說學派的人所持的想法有問題，既然想法有誤，那麼他們所代表的理論基礎又怎麼會正確呢？

爭戰永無止息

牛頓對於自己的三稜鏡實驗非常有自信，特別是巴羅教授極力向許多科學家舉薦他的才能，再加上牛頓先前就以反射式望遠鏡一舉擄獲包括英國國王在內等王公貴族與科學家的目光，甚至被提名為皇家學會的會員，因此他一反早期較為木訥、不與人交好的個性，迫不急待的想要發表

自己的彩虹，自己做

紅、橙、黃、綠、藍、靛、紫，看著彩虹，你是否能逐一數出這7種顏色呢？其實彩虹的成因與三稜鏡相同，當空氣中瀰漫著無數多小水滴時，太陽光射入這些水滴就能散發出七彩光芒，這也是為什麼我們常在下雨後放晴的天氣，觀察到彩虹出現。其實你也可以自己製造彩虹，在晴朗的天氣背對著陽光，利用噴霧器朝向天空噴灑水霧，就可以看到彩虹出現囉！

自己的光學理論。但是事情可不是牛頓想像的那麼簡單，理論發表後一年內反而激起更多爭議，虎克也加入抨擊牛頓實驗的行列，他認為這項實驗僅能說明白光與不同色光的關聯性，跟光的組成一點關連都沒有，哪來的決定性實驗？之後更多人加入虎克的陣營，批評牛頓的實驗內容，有些人完全不認同多色光的理論，也有人跟虎克一樣認為這項實驗不足以否定波動學派的理論基礎。

最糟糕的是這些人在嘗試重複牛頓的實驗時，總是以失敗作收。當中有許多因素，首先牛頓最先發表的文章中並沒有詳加說明實驗材料與操作方式，主要的篇幅都在闡述研究結果與理論；再者，三稜鏡當時僅是像玩具一般的商品，不是什麼正規的實驗材料，在設計與品質上都非常粗糙；最後，其他人的玻璃實驗材料大多是由義大利威尼斯所製作，玻璃內常充滿氣泡與瑕疵，品質差強人意。

天啊！虎克竟然傳球給我

雖然牛頓在往後幾年，不斷的重複實驗與說明實驗細節，包含他使用的三稜鏡是來自於英國倫敦，也同時指責其他人所使用的三稜鏡是黑心產品，但這些種種卻再也止不住外界的批判，此時他也對於往來爭辯的書信感到沮喪，所以選擇了沉默離開倫敦，又回到那個封閉的自己。即便牛頓離開了戰場，但是他的光學理論仍不斷在皇家學會內激起漣漪，那麼誰才有真正的能力重複牛頓的實驗結果呢？答案就是牛頓永遠的敵人──虎克，虎克當時是皇家學會的實驗負責人，他對科學實驗的態度與手法都讓人尊敬與推崇。1676年4月27日星期四，虎克在皇家學會眾科學家面前，一步步依據牛頓所記載的細節，成功重現三稜鏡實驗。實驗結束後的這天，虎克僅在日記中草草寫著某某人替誰誰誰修理手錶，地下室水流的方向等雜事，而遠在劍橋的牛頓聽到結果卻是壓抑不住喜悅之情。

牛頓直到虎克死後，也就是第一次光學理論發表後的32年，才奪回光學理論的主導權，並且在隔年出版《光學》（Opticks）一書，這是他最全面的光學理論著作，書中一開頭就說明如何建立三稜鏡實驗，並且提供完整的細節，這讓愈來愈多人能夠重現他的實驗，也因為這本書，牛頓引領粒子學派稱霸往後100多年的光學研究。然而粒子說真的有辦法解釋所有的現象嗎？波動說真的就這樣繼續頹圮下去嗎？這誰對誰錯的恩怨情仇就要等到愛因斯坦（Albert Einstein）來解決了，他說：「爭什麼爭，粒子說和波動說兩個合在一起就好了，笨蛋。」

title: 蘋果、微積分、還有一位太空牛頓

牛頓在1660年代的大腦

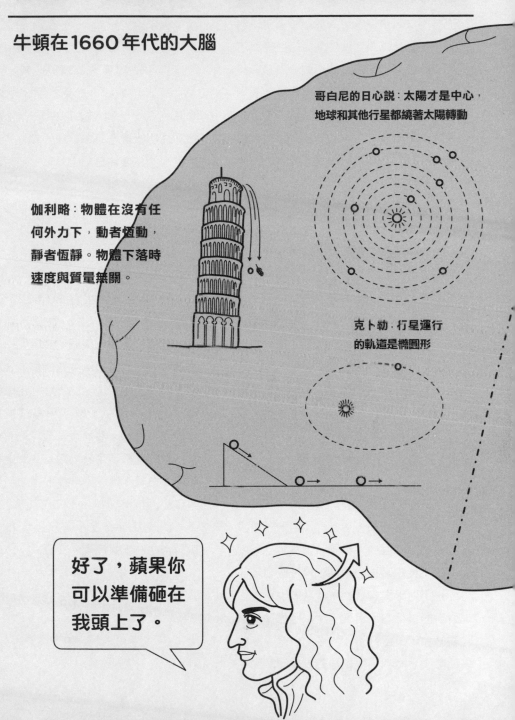

哥白尼的日心說：太陽才是中心，地球和其他行星都繞著太陽轉動

伽利略：物體在沒有任何外力下，動者恆動，靜者恆靜。物體下落時速度與質量無關。

克卜勒·行星運行的軌道是橢圓形

好了，蘋果你可以準備砸在我頭上了。

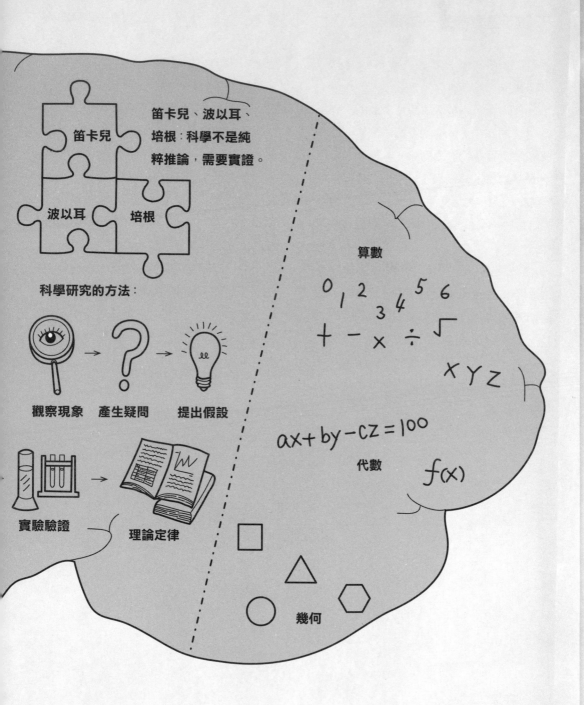

笛卡兒

笛卡兒、波以耳、
培根：科學不是純
粹推論，需要實證。

波以耳　　培根

算數

科學研究的方法：

$0\ 1\ 2\ 3\ 4\ 5\ 6$

$+\ -\ \times\ \div\ \sqrt{}$

$X\ Y\ Z$

觀察現象　產生疑問　提出假設

$ax+by-cz=100$

代數

$f(x)$

實驗驗證　　理論定律

幾何

天底下最謎樣的一顆蘋果

「西元1666年，那是倫敦最悲慘的一年，黑死病無情的席捲走數萬人的性命，我不能再留在學校了，只能無助的回到伍思索普的家中。我有次在庭院散步，突然間被樹上掉落的蘋果打中，心裡想蘋果為什麼只會往下掉，而不往上飛？是不是地球有一股力量將蘋果往下拉？如果真有這個力，那為什麼月亮又不會往下掉落呢？」

想必讀完這段文字，你應該就知道這個故事的主角是哪位科學家，沒有錯，這是大家再熟悉不過牛頓發現萬有引力的故事，只不過這段故事卻是引起不少爭議，有人吵著蘋果不是打到他的頭而是腳；或是說根本沒有人親眼目睹，這其實是一段虛構的文字。不過我們只知道牛頓無法死而復生，而他如何產生萬有引力的靈感，也就成為無解的謎團。

無論新發現的科學現象或是理論多麼關鍵、內容多麼巧妙，可別認為當中的研究過程或是關鍵人物都像鋼鐵人史塔克一樣酷，實際情況甚至比你想得更枯燥乏味。不過挖掘真相的路永遠不會有捷徑，就如同牛頓在1660年代的大腦，他可是積累了許多前人的知識，並且從中不斷的驗證統整、去蕪存菁，所以不是你或我等任何一人穿越時空到那顆蘋果樹下，被蘋果打到就能萌發萬有引力的概念，並且衍生出之後的事件，只有牛頓才能在這奇蹟般的1665、1666兩年，發展山微積分和重力的基礎。

▼牛頓位於伍思索普的家

全世界最有名的蘋果樹

當初疑似打中牛頓的蘋果樹嫌疑犯已經不在世上,以至於我們無法當面訊問它是不是攻擊牛頓的兇手,不過這棵樹的後代仍可以在劍橋大學的三一學院看到,並且位於當年牛頓研究室的附近。幸運的是,這棵樹的後代在各地開枝散葉,子孫眾多,我們在武陵農場也可以看到它的後代。不用出國,就可以體驗被蘋果砸中的樂趣,是不是很幸福呢!

▲劍橋大學內的牛頓蘋果樹

直線、曲線、微積分

各位不用擔心,這不是要考你微積分,不過在說牛頓發明微積分的故事之前,我們得先複習一個最簡單的概念。如果有一部車子在直線的道路上以固定的速度前進,然後記錄這部車在不同的時間點所

行駛的距離,最後再將這些數據畫成一個座標圖,結果在座標圖上可以看到一條直線,那麼你可以從圖上知道車子在第2～3小時之間的平均速度是多少嗎?很簡單對吧!就是距離(150－100)除以時間(3－2),車子在第2～3小時之間的平均速度是50公里/小時,並且所求出的平均速度也等同於這段直線的斜率,最後因為車子一直保持同樣的速度,所以任何時間點的瞬時速度也都為50公里/小時。

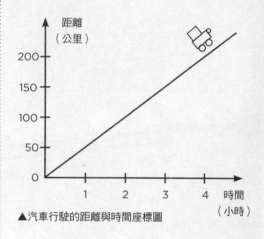

▲汽車行駛的距離與時間座標圖

是不是太小看你們了?這是大家國中都學過的東西,那麼如果座標圖的直線變成曲線,你又要如何計算出第三秒的瞬時速度呢?嘿嘿,是不是有點卡住了呢?可別小看先人的智慧,他們認為曲線斜率不斷的變化,就如同由一段段斜率不同的直線所構成,所以當你要計算求出第三秒某一時間點的瞬時速度時,就可以假想那個點上有一條線通過,稱為切線,接著就可以

利用這條切線的斜率得出第三秒該點瞬時速度的近似值。仔細看看曲線是不是跟行星運行的圓形軌道相關呢？沒有錯，那時候科學家急於想掌握曲線的數學運算，並且套用在行星運轉上，但是這種近似值的算法離精確兩個字還遠得很。

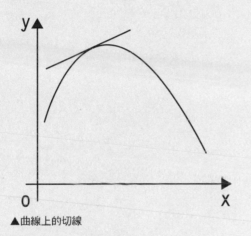

▲曲線上的切線

　　這回輪到牛頓大展身手了，用微積分的第一式──微分，來解決。顧名思義，你可以把微分的概念想成把一段曲線不斷的細分成無數多點，每個點都有其切線斜率，接著牛頓聰明的發展出一個計算方式，直接從原本的曲線方程式，轉換成可以計算各點斜率的方程式。而若是要計算曲線下的面積，就留給第二式──積分，同樣他從原本的曲線方程式導出積分算法，你可以想像曲線下面積也可以細分成一條條細紙片，再透過積分方法加總還原成整體面積。如此一來，只要掌握任何運動物體的方程式，管它天上飛的、地上爬

的，都可以直接算出任一時間點的速度與所移動的距離，不再需要繁複的觀測數據和切線估算。

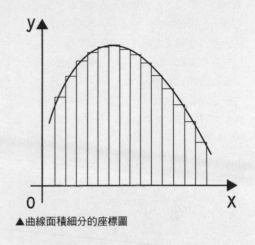

▲曲線面積細分的座標圖

各位星星不要再躲啦，牛頓知道你們在幹嘛囉

　　當牛頓掌握微分和積分這兩把比擬屠龍刀和倚天劍的神兵後，就開始朝著大魔王前進──如何利用數學來描述行星環繞太陽的行為。當時科學家都在思考一個類似行星的問題，當手拿著一段繩子的一端，另一端綁上石塊，接著開始繞圓轉動。此時石塊好像行星一樣，繞著太陽之手轉動，科學家將拉著石塊的力稱為向心力，如果放開手，石塊反而因為另一股力量向外飛出，這就稱為離心力。牛頓在想當中最關鍵的問題是這股離心力多大，所以他又利用微積分近似的概念，先把圓形軌跡想成一個四邊形，石塊經過一個轉折點就

▼圓周運動

會受到一股力而改變方向，然後再改成六邊形、八邊形，當邊愈多、形狀也就愈接近圓形，如此一來不就得出物體在繞行圓形軌跡時所受到的離心力嗎？並且也就可以套用在行星軌道上，最後終於得出最為關鍵的基礎定理：「行星脫離太陽所受的力，會與它和太陽之間的距離成反比」。簡單的說：行星離太陽愈遠、所受的力量愈小，就愈容易脫離太陽。

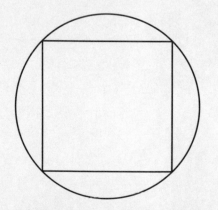

▲牛頓求離心力的方法，先利用四邊形模擬圓形軌跡。

等等，你是不是覺得還差了一點，萬有引力到哪裡去了？事實上，牛頓已經有想到了離心力與萬有引力其實是一體兩面的事，實際上萬有引力才是背後的真正關鍵。然而有了數學推導的證據還不夠，他也希望套用在現有的天文現象，利用實際觀測數據來驗證所推導出的公式，所以他想用月亮繞行地球的測量數據來證明。這項計算首先要知道月球環繞地球的週期，這個簡單，想必你也能替牛頓回答，當時科學家已經可以精確的測量出週期是27天又8小時，然後第二步需要月亮和地球之間的距離，不幸的是當時測量的結果並不準確，以至於無法精確的驗證牛頓的基礎定理。此時他雖然對自己所推導的結果感到心滿意足，但這段時期間所耗費的心力也讓他感到異常疲憊、需要休息，所以暫停手邊的工作，這時的時間為1667年的某一天，接下來就要等到1684年的一場科青咖啡聚會來重新開啟這扇大門。

劃時代的反射式望遠鏡

title :

映照牛頓才能的反射式望遠鏡

1671年底，皇家學會內瀰漫者一股不尋常的騷動，這些各有盛名的科學家正引頸期盼著巴羅教授即將帶來的神祕禮物。先前他們已從學會祕書的口中聽到一些消息，如今再也止不住興奮，巴羅放在眼前的正是牛頓所製作的反射式望遠鏡。正如牛頓寫給友人的信中所說的：「這部望遠鏡能夠將物體放大40倍，足以超越現在所有的望遠鏡。」讓這些皇家科學家瞠目結舌的關鍵在於，這部牛頓反射式望遠鏡

▼牛頓反射式望遠鏡復刻品

僅有約15公分長，主要的鏡片直徑也僅區區3.3公分，整體大小就跟一杯700 cc珍珠奶茶差不多，但是卻可以將物體放大近40倍，擁有此等倍率的傳統折射式望遠鏡卻得要2公尺長才能達到相同效果。隔年一月，英國國王查埋二世也親眼目睹反射式望遠鏡所展現的威能，隨後這部望遠鏡便作為禮物留在學會。

這部反射式望遠鏡的成功絕非偶然，甚至可以視為牛頓即將在科學界大顯身手的基石。牛頓在研究光學時就發現射入透鏡的光線，會因為各種色光的折射角度不同，導致射出的光產生顏色上的偏差，也就是所謂的色差。這種情形我們有時也會在數位相機所拍攝的照片中觀察到，影像中景物的邊緣有時會出現紫色暈染的區域，這就是光線在行經相機鏡頭時，所產生的色差。而牛頓改良望遠鏡的靈感來自於一位蘇格蘭科學家格里高里（James Gregory），他在1663年出版一本書《光學的進展》，書內提出有關反射式望遠鏡的概念，但是苦於當時的工藝技術不足，所以直到去世前都無法實踐。然而對於牛頓這個手作達人來說，幾乎什麼事都難不倒他。

▲照片出現的色差現象，下方照片因為相機鏡片品質不夠，所以在建築物的邊緣出現顏色不一致的現象（多出紫色暈染的地方↑）。

自己的鏡片自己磨

　　牛頓思考著若是光線行經透鏡會產生色差，那麼改成光從反射鏡反射出，就應該可以避免色差出現，因此連同格里高里的想法，他開始動手打造一個革命性的設計。反射式望遠鏡最關鍵的部分在於反射鏡，牛頓不再使用玻璃透鏡，而是使用銅錫合金作為反射面，再靠著自己高超的打磨與校準技術，製作出不亞於玻璃的反射鏡，安置於圓筒的底部，接著在反射鏡光線聚焦的地方，放置一塊小型反射鏡，將聚焦的光線導入我們的眼睛。透過這麼簡單的設計，一個圓筒與兩塊鏡片，就可以讓我們觀察遠處的影像。

美國隊長 vs. 鋼鐵人

　　巴羅教授非常的高興，那位木訥、孤僻的學生，終於有人注意到他的才能。一

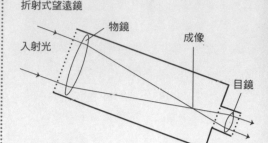

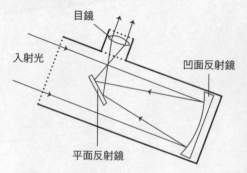

▲折射式望遠鏡與反射式望遠鏡的結構透視對照圖

時之間，學會上的科學家爭相想要了解牛頓，想要知道他到底還有什麼樣令人驚艷的才能，甚至已經將牛頓提名為皇家學會的會員，但是當中虎克對於這台望遠鏡頗不以為然，甚至悻悻然的說他早就有研發一台迷你望遠鏡，比什麼反射式、甚至是折射式望遠鏡都厲害的多，不過事實上，虎克要遲到1673年，才勉強製作出反射式望遠鏡的雛形。

　　接獲來自倫敦消息的牛頓，逐漸因為別人的肯定而想將積累已久的研究理論傳達給世人，不過反射式望遠鏡對牛頓來說僅是一台DIY作品，背後的光學理論才是他極欲傳達的重點，或許牛頓大腦沒有內

建人際關係與意見溝通的處理器，隨後發表光學理論所引發的科學爭戰，以及永遠的眼中釘——虎克，都可能讓他對於此刻發表的決定感到無比後悔吧。虎克並非是一個喜愛找碴、天生怨妒的人，牛頓也是一樣，不過兩人就如同美國隊長與鋼鐵人的關係一般，他們同是追求科學真理，只是立場不同，彼此缺乏溝通與合作理念，以至於讓這兩個人與科學界一同陷入泥沼當中，不可自拔。

大還要更大

反射式望遠鏡的革新之處除了消除透鏡產生的色差，另外一個重點是降低提高放大倍率的門檻。想從望遠鏡看得更遠、更清楚，勢必要製作出更大的透鏡，盡可

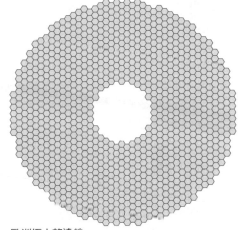

▼目前主要與預計建造中的大型望遠鏡尺度比較圖

詹姆斯・韋伯太空望遠鏡

美國芝加哥大學葉凱士天文台的折射式望遠鏡

西班牙的加那利大型望遠鏡

歐洲極大望遠鏡，位於智利，由歐洲各國與巴西等合作建造中

▼目前世界最大的折射式望遠鏡，位於葉凱士天文台。

能容納所有光線，進入的光線愈多，就代表影像愈明亮、愈清晰。但是以折射式望遠鏡來説，更大的透鏡就需要更精密的研磨技術與玻璃品質，更別説色差問題了，因此折射式望遠鏡的研發高峰就停留在1897年，美國芝加哥大學葉凱士天文台當年完成一台世界最大折射式望遠鏡，透鏡口徑達到101.6公分，不過卻也後繼無「鏡」了。

然而反射式望遠鏡就克服這點，重點僅是如何研磨出一面高品質的反射鏡面，製作出更大鏡面的難度簡直下降許多，牛

30公尺望遠鏡，位於夏威夷，目前由美國、加拿大、日本、中國、巴西、印度等國合力建造中

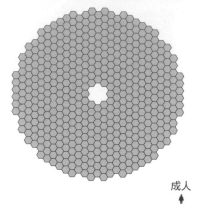

成人

哈伯望遠鏡

0　5　10 m

籃球場

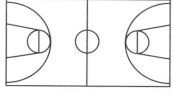

頓推出反射式望遠鏡後的1百多年，科學家不斷研發、改良反射鏡面曲度與鍍膜材質，以提高光線反射的品質以及讓光線更為集中，甚至利用多組反射鏡面組成一個大型的鏡面，來降低組裝與維護成本，從此望遠鏡的口徑有著飛躍的成長，到了1789年就已經出現口徑超過100公分的折射式顯微鏡。目前最大的反射式望遠鏡位於西班牙的加那利大型望遠鏡（Gran Telescopio Canarias），口徑達到10.4公尺，甚至未來各國也會共同製作出口徑超過30公尺以上的龐然巨物。

哈伯望遠鏡

我們所熟知的哈伯望遠鏡，其鏡片口徑為2.4公尺，雖然比目前的地面大型望遠鏡小上許多，但是哈伯望遠鏡位於太空中，不會受到大氣層空氣以及地面光害的影響，因此解像力可以比擬這些地面望遠鏡。哈伯望遠鏡目前已經要準備退役了，美國與歐洲太空總署已經設計好新的太空望遠鏡——詹姆斯・韋伯太空望遠鏡，鏡片口徑增加至6.5公尺，預計2018年接替哈伯望遠鏡的任務。

▲▶哈伯望遠鏡以及最知名的老鷹星雲恆星誕生照片

牛皇大帝駕到
吾皇萬歲、萬萬歲

title:

失去理性的科學家

桌上又放著一封來自皇家學會的信，牛頓已經對別人的質疑感到疲累，反射式望遠鏡確實提高自己在科學界的名聲，但是隨後發表的光學理論卻又陷入爭辯的迴圈之中。16/2年秋天，牛頓收到來自荷蘭大科學家惠更斯（Christiaan Huygens）的信，內容主要說明他對光的組成看法與牛頓不同。此時牛頓徹底灰心了，這位科學界的唯一盟友，先前還認為他的三稜鏡實驗結果具有絕佳的獨創性，如今也背棄自己。成為皇家學會會員短短不到一年的時間，與科學家們所激發出的火花僅流於情緒上的憤怒，而非思想上的激盪，成為會員又有什麼用呢？更何況某人不斷的批評與指責抄襲。他心灰意忍的寫封信給學會祕書，認為自己對學會沒有貢獻，出席學會也未對自己有所助益，所以想要退出。祕書非常震驚，除了趕緊回信安撫牛頓說：「學會大多數的人還是非常尊敬您，不然這樣好了，免繳會費，這可不是每位科學家都有的福利喔。」看在牛頓眼裡這實在非常可笑，自己真的是在意錢的人嗎？不管如何，牛頓僅回信說自己還是會留在學會，但是不要再寄來任何討論科學的信了。

遠離傷心之地，孤獨是唯一解藥

雖然1675年虎克成功重現牛頓的實驗結果，但是高興的心情卻無法持續多久，母親去世和摯友的遠離都讓心中緊閉的大門顯得更為深沉，他現在全心投入在研究的最後一塊拼圖上，而這塊拼圖卻是開啟人類科學史革命的另一把鑰匙。根據他的僕人所描述，牛頓在三一學院就是研究、研究、不斷的研究，由於劍橋大學的學生們對於他所教授的課程不感興趣，牛頓就時常獨自一人面對著課堂上的黑板講課，後來索性也不去上課，乾脆留在研究室。不過1689年情況開始有些不同，劍橋大學挑選牛頓作為代表，參加政府議會，他雖然沒有在議會上發表過任何意見，卻也

▲印有英國女皇的硬幣

在倫敦認識不少具有政治影響力的朋友，這個契機也間接讓他於1696年擔任鑄幣廠廠長，意外的是牛頓異常投入鑄幣廠的管理與業務，不僅提升鑄幣廠生產硬幣的數量、打擊偽幣罪犯、並且與王公貴族交往，提升自己的名望。

重啟皇家榮耀

雖然牛頓在倫敦擔任鑄幣廠廠長，但是卻刻意與學會保持距離，雖然他總以工作繁忙為理由，但是圈內人都知道關鍵在於學會中的虎克。然而1703年，虎克因為疾病纏身而去世，六個月後，牛頓竟然神奇的被選為會長，但是現在學會的研究氣氛簡直是殘破不堪，大家討論的多是醫學或是稀有動物構造，缺乏對於自然現象背後原理的探討與實驗驗證，因此時常流於外界的笑柄，形容他們在蛇的肚子中挖出被吞下的鹿、幫瓢蟲分類、觀察天降一場蛙雨等，甚至開會時會員出席的人數也是寥寥可數。接手的牛頓看在眼裡可說是似曾相似，當初成為會員榮耀的背後卻帶來慘痛的經歷，但是這次他決心主動捍衛，一肩負起皇家學會會長的重擔。

不一樣的牛頓，暗黑的狂人

牛頓利用先前在鑄幣廠的管理經驗，開始對學會大刀闊斧的重新整頓，正如他所親筆撰寫的皇家學會建立方案內容指出，

皇家學會

皇家學會成立於1660年，全名為倫敦皇家自然知識促進學會（The Royal Society of London for Improving Natural Knowledge），是歷史最悠久且未曾中斷的科學學會，其成立宗旨為促進自然科學的發展，所出刊的刊物《哲學會刊》，更是世界第一份科學期刊。學會有一句名言「Nullius in verba」，意為不隨他人之言。表達科學並非是崇尚權威、互相爭辯，而是利用觀察、實驗等實證立場來獲取真相。起初，學會僅是10多人的科學家團體，大家定期聚會討論科學的進展與心得，隨著加入的人數愈多，當時科學研究的氣氛也愈漸濃厚，因此正式成立皇家學會，後來英國國王查理二世正式批准這個組織，並且授與權力，從此歷任英國君主都成為學會最堅強的後盾，以維持學會獨立運作的權力。

目前皇家學會地點位於英國倫敦卡爾頓府聯排（Carlton House Terrace），學會獨立運作不需政府批准，也不需對其負責，但是兩者還是保持密切關係，政府也資助學會經費。學會本身沒有固定研究機構，其角色是作為英國政府科學上的諮詢對象，並且贊助研究人員和新創的科技公司，目前學會約有1450位會士，目前的會長為2009年諾貝爾化學獎得主──文卡特拉曼·拉馬克里希南（Venkatraman Ramakrishnan）。

◀皇家學會現址

他認為這個學會已經名存實亡，會員必須回歸原有的成立宗旨，以觀察和實驗來歸納宇宙內自然的運行法則，並且推導出其中的成因與相互作用。第二步是要成立4名領有薪水的演示學者，負責各類學科中的實驗與演講。不過這種運作方式必須要有幾個條件：學會要有固定的集會場所，真正熱心於科學研究的會員以及具有足夠的經費。

一直以來學會並沒有固定的集會場所，多半是租借場地或是會員家中舉辦，所以牛頓急於幫學會找個固定處所，而這就需要不少的經費，於是他做了一項大膽的決定，開始向會員追討會費，並且制定繳費的相關規定，不想付錢的人就不得加入評議會，無法參與學會的決策運作，也因為如此，財政慢慢上了軌道。之後牛頓不但找到新會所，並且也逐步掌控整個評議會，短短7年時間，整個皇家學會儼然成為牛頓的另一個鑄幣廠，會員們必須依

據規範做事，遵循從上對下的權威體制，甚至他還製作一根權杖，當無法出席會議時，這根權杖就要放在主席位上，象徵牛頓的存在。

權力的失控

成為英國科學界呼風喚雨的人，絕對是牛頓年輕時意想不到的事，這份榮耀來自於他的科學成就，然而皇家學會會長的權杖卻使他開始失控。牛頓有個習慣就是怯於公開發表他的研究成果，通常是與他親近的人，或是常有來往的科學家才有可能知道他的抽屜藏著什麼寶，所以有時就會發生當別人也提出相似結果時，他便氣得跳腳。再來牛頓在研究中會無意間忽略標註哪些內容屬於別人的研究概念，因此常引發疑似剽竊的議論，再加上身上所負有的權力，因此在牛頓的研究生涯後期引發幾起嚴重的爭端，甚至導致英國與歐洲科學界的對立。

關鍵起因在於德國數學家萊布尼茲（Gottfried Wilhelm Leibniz）於1684年開始發表一系列的微積分論文，而牛頓知道後簡直氣壞了，想當然又是將研究成果塞進抽屜的壞習慣害慘了自己。但是他當然不會承認自己的失誤，馬上接連在皇家學會所出版的哲學會刊上，匿名刊登反駁萊布尼茲的文章，內容甚至暗指他抄襲牛頓的研究成果，「識時務」的英國科學界也支持牛頓的說法，認為牛頓才是第一位發明微積分的人，可憐的萊布尼茲直至去世前一刻都無法恢復自己的名譽。不過現今我們已經了解牛頓與萊布尼茲分別發明了微積分，並且後者所使用的運算符號比牛頓更為進步、易用，成為目前微積分所使用的符號。而當時英國科學界因為力挺的結果，使用牛頓較為難用的符號，反而與世界數學發展的主流脫節，沒想到這一時之爭竟耽誤了英國的數學研究。

而永遠的敵人虎克是不是還蠻幸運的呢？在牛頓掌握權力前先一步離開風暴。結果並非如此，牛頓對於虎克的敵視並沒有隨著虎克去世而消逝，反而展開一連串的清算行動，除了施加壓力令學會撤下他的肖像畫，並且試圖銷毀所有跟虎克相關的研究手稿與文章，雖然幸運被其他科學家阻止，但是仍可看出牛頓想要完全抹滅虎克的狠勁。權力真的會令人腐敗嗎？牛頓大學二年級時，在筆記本開頭寫下一句話，說「柏拉圖是我的朋友，亞里斯多德也是我的朋友，但是我最好的朋友是真理」，而這就是牛頓晚年捍衛真理的方法嗎？想必牛頓的好友已經離他而去了。

◀牛頓坐在椅子上，正主持皇家學會的會議。

title :

用一本誰都看不懂的書 改變科學界

科青的重力咖啡

1684年寒冷的一月，倫敦咖啡館內聚集著3位科青，一邊喝咖啡，一邊討論最近對於科學實驗的見解，當中有位是天文學家雷恩爵士（Sir Christopher Wren），另一位則是哈雷（Edmond Halley），最後一位是關鍵場合必定現身的牛頓死敵——虎克，不愧是牛頓的最佳損友，就因為虎克的出現，導致這個科青聚會翻轉世界，而哈雷之後所扮演的助攻角色，更促使牛頓以一本誰都看不懂的書——《自然哲學的數學原理》（簡稱原理），震撼日後的科學界。

當時哈雷一直在觀察月球的運轉情形，對於行星的運行以及萬有引力很有興趣，所以趁著聚會當下，向雷恩爵士和虎克問道：「行星繞著太陽運轉所受到的作

哈雷與他的快樂小夥伴哈雷彗星

▼哈雷彗星

哈雷生長在一個相當富裕的家庭，對於數學很有興趣，後來在牛津大學時研究天文學，他對於太陽系與太陽黑子的研究，以及在南大西洋的聖赫倫那島上蒐集許多精確的天文資料，成為當時頗為知名的天文學家，後來也成為英國皇家學會會員。在1705年，哈雷發表論文指出先前在1456年、1531年、1607年、1682年等出現的彗星其實

都是同一顆彗星，並預測它將於1758年重返。果真這顆彗星在1758年重返，並且被後人命名為哈雷彗星，不過哈雷因為已經去世而無緣親眼證明。
哈雷彗星（正式名稱是1P/Halley），每隔75～76年就會來到地球，並且只要用肉眼就可以觀察到，最近一次到訪地球的紀錄是在1986年，而下一次則要等到2061年。最早以及最詳

細的哈雷彗星紀錄皆在中國，時間可追溯到秦始皇七年（前240年）至清宣統二年（1910年），期間共有29次紀錄。彗星的構造主要是由鬆散的冰、塵埃和小岩石所構成，稱為彗核。當彗星接近太陽時，彗核會受到太陽放出的熱和輻射，產生長長的尾巴，這也是被稱為掃把星的原因。

用力，會與兩者之間的距離平方成反比嗎？」沒想到兩個人突然大笑，哈雷有點惱怒認為他們在嘲笑自己沒常識，沒想到虎克解釋說這個假說還沒有人證明過，但是他立馬說自己早已證實，只不過要等其他人也先嘗嘗失敗的滋味，他才願意公布。這下好啦，雷恩爵士趁機懸賞，要是有人可以在兩個月內提出證明方法，那麼就可以得到一本珍貴的古書。可想而知，那位「唬」克並沒有在期限內提出證明，哈雷也束手無策，但是聰明的你一定想到誰可以解決問題吧！

哈雷三顧牛頓

還要再等下去嗎？哈雷心想這兩個人果然還是當他笨蛋，都不是要認真回答他的問題，所以也不願傻傻的等下去，他突然想到牛頓，畢竟牛頓對力學和萬有引力頗有研究，不過哈雷也了解他不是位好相處的人，那時他正與虎克、萊布尼茲鬧得非常不愉快，並且不再願意接受科學信件的往來討論，所以哈雷放棄寫信詢問的方法，決定直接前往劍橋探訪牛頓，沒想到這個舉動就跟他發現哈雷彗星一樣關鍵，就此改變科學界。

哈雷不愧是有錢人家的子弟，不但富有教養、也了解與人相處的應對之道，他知道牛頓對虎克懷有芥蒂，而且也不喜歡和人討論研究成果，不過哈雷掌握一個關鍵，雖然他不喜歡回信，但是並不會拒絕

遠道而來的訪客。到訪之後，哈雷一開始先避免和牛頓直接討論心中的疑問，而是先培養感情，讓對方打開心房，直到有一天，哈雷不經意的問牛頓說，如果行星受太陽的作用力與兩者之間的距離平方成反比的話，那麼行星所運行的軌道應該是什麼形狀呢？牛頓不假思索的說橢圓形啊！哈雷先按耐住興奮的心情，再問說：「牛頓先生，你怎麼知道呢？」牛頓又說：「數學算出來的啊。」哈雷再也忍不住啦，直拉著牛頓是否能給他看證明的方法，不過牛頓一時找不到所寫的筆記，只好答應之後會再寄給他。

牛頓是真的找不到嗎？嘿嘿，不是的，因為他還沒有從三稜鏡的爭論中平復，深怕哈雷是另外一個虎克，但是顯然哈雷好寶寶的樣子讓他放下戒心，日後也證明牛頓確實非常喜歡哈雷，兩人也培養出很深厚的友情。哈雷心想大魚上鉤了，我一定會收到牛頓的數學證明。一個月、兩個月、三個月過去了，這條大魚什麼時候才可以拉上岸呢？他只能耐心的等，絕不能表現出過於積極、關切，不然有可能再也沒有上鉤的機會。終於耐心的等待有了成果，證明文章熱騰騰的拿在手上，名為《物體在軌道中之運動》。

文章一到手後，哈雷又再次前往劍橋找尋牛頓，希望他可以將這個發現在皇家學會上報告。當哈雷馬不停蹄回到皇家學會報告的同時，更驚人的事情即將發生，牛頓覺得原本的證明不夠好，所以開始構思

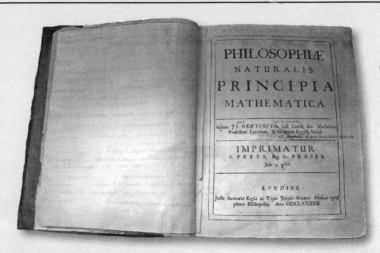

◀牛頓作撰寫的《自然哲學的數學原理》,上面還有牛頓親筆的改版註記。

比較完整的長篇論文,也就是後來的《原理》一書。他的僕人描述這段期間,牛頓近乎發狂的工作情形:「他不斷收集最新的天文觀測資料,平常很少離開研究室,幾乎不吃不睡,有時把飯菜拿到他面前,才意識到自己還沒吃飯,不過也只是隨便吃上幾口就繼續工作。難得走出門口到餐廳吃飯,發現走錯路之後,就乾脆直接回到研究室工作,或是在花園突然站著不動,大叫『我解開啦』,立刻衝回研究室,連椅子都不拉,就直接站著寫。」

讓你看不懂才是超專業

到了1686年,《原理》的雛形終於誕生,總頁數共550頁,內容包含兩大部分,第一部分包含內容需要的定義與註釋,包含質量、時間、空間、慣性、力、向心力等名詞定義,然後說明大家現在所熟悉的牛頓三大運動定律,並且他首次使用拉丁單詞「gravitas」(沉重)來為現今

的重力(也就是我們所說的萬有引力)命名。接著第二部分共有3篇,主要說明物體的各種力與運動以及萬有引力理論在天體運動上的應用,這些應用包括太陽系的行星、行星所屬的衛星、彗星的運行以及潮汐現象等,這也是當時科學家印象最深刻的地方。從1684年開始的科青咖啡至今,撰寫的時間不到2年,但是卻集結牛頓20多年來的心血結晶,他結合伽利略

牛頓親自傳授《自然哲學的數學原理》的不敗攻略

牛頓為人還是很好的,他向朋友說明了一些關於攻克這本書的祕訣,你也可以來挑戰看看:「請先念完歐基里德的《幾何原本》,然後盡可能的了解圓錐曲線、代數和天文學等知識,那麼你應該可以順利進入這本書的內容。」那麼你準備好了嗎?不用擔心現在已經有中譯本,不然你還得加上拉丁文。

在地表對於力學的心得，進一步推導並證明克卜勒的星體三大定律，簡直就像是把車子開上天空變火箭一樣驚人。

不像現在科學家為了讓自己的研究曝光、爭取大眾支持，而接受報章雜誌訪問的做法，牛頓卻反其道而行，他刻意用當時教育程度較高的人才能看得懂的拉丁文撰寫，並且在他死前都不允許翻譯成英文。內容定理呈現的方式是一環扣著一環，若是你連第一個定理都不懂，那麼接下來的內容也一定無法了解。這種刻意撰寫的方式是因為怕某位人士之流的「業餘」科學家，在對書一知半解的情況下不斷來打擾。

在牛頓即將完成最後收尾的時刻，哈雷也沒有多餘時間可以浪費，他在學會為了出版正忙得焦頭爛額，因為學會原本答應要負擔所有出版的費用，結果因為經費短缺而反悔，迫使哈雷非但自掏腰包，還得擔任編輯負責出版的工作。沒想到上天的考驗還沒結束，虎克又不甘寂寞的出來攪局，因為他發現當中一段文字竟然沒有提及他的重力研究，不愧是宿敵中的宿敵，竟然能越過牛頓在書本設下的重重關卡。哈雷也不管了，只得冒著激怒的風險報告牛頓，不過牛頓知道後只做了一件事，就是在稿件中刪除所有虎克的名字，並且說再也不會提到虎克這兩個字。終於《原理》在1687年出版，哈雷甚至為這本書的前言，寫了一段牛頓頌，以讚揚牛頓此書對於科學的貢獻，牛頓頌最後一

簡易版牛頓三大運動定律

這裡簡單的列出現在我們所重新詮釋的牛頓三大運動定律：

第一定律
物體若不受外力影響，或是外力總和為零時，則靜止的物體保持靜止不動，仍在運動中的物體則沿著直線作等速度運動。

第二定律
當物體受到外力影響時，會沿著外力的方向產生加速度，此加速度的大小和外力的大小成正比，但與物體的質量成反比。

第三定律
當物體受外力影響時，同時也對施力物體產生一個反作用力，並且這兩個作用力大小相等、方向相反。

句說到「Nearer the gods no mortal may approach」，意指沒有凡夫俗子比牛頓更能接近神。雖然《原理》一書艱澀難懂，但是第一版還是銷售一空，之後第二版與第三版也陸續修訂出版，牛頓在第二版當中為自己至今的科學成果和別人的質疑，用一句話作為長久旅途的終點：「Hypotheses non fingo」我從不臆測。

title: **大魔導士牛頓──科學煉成**

▼畫家筆下的神祕煉金術士

從偽科學中挖掘宇宙真理

「從火、水、泥土、空氣中取出火，那是最高、也是最低；是紅、也是白；有陽、也有陰；它們可以互相結合、加熱，時機一到就如同鳥蛋孵化。在陽光下飲下聖水、加入乳汁……，當靈魂與精神合而為一，那麼你就會得到黃金。」

這段隱晦不明的話就是古代煉金術士描述如何製造黃金的祕方，雖然在我們看來只會讓臉上多了幾條線，但是牛頓卻認為煉金術一定藏有什麼祕密，還將自己找尋科學真理的希望，寄託在這些江湖術士上。我們從歷史課本中讀到不少中國皇帝透過煉丹術尋求長生不老之術，心中一定恥笑這些皇帝怎麼這麼笨，從醫學角度來

看，人體內的細胞終究有其壽命，我們不免會離開這個世界，然而並不是我們比牛頓還聰明，而是那個年代的科學家還在真理的建立過程中掙扎，而現今的物理學、化學和生物學等也都還在摸索，不過他們所抱持的信念就是只要聞到一絲絲真理的跡象，無論何種文章、方法都要閱讀、驗證。

牛頓對於煉金術的興趣，來自於在國王中學求學的經歷，由於學校離家很遠，所以必須寄宿在藥劑師克拉克先生的家中，克拉克夫婦非常友善，並且對孩子們採取開放自由的教育態度，時常鼓勵牛頓提

出問題，並且容許他待在旁邊觀看藥劑師工作的情形，也提供場所和書籍滿足他的實驗慾與求知慾。對於牛頓來說，藥房簡直就是蘊藏著知識的大祕寶，是單調乏味的學校所無法比擬，藥櫃上擺滿各類五顏六色的化學藥品，以及調製各種藥品的配方，他認真待在克拉克先生身邊學習，仔

煉金術的黑歷史

煉金術的歷史可以追溯到西元前4世紀，亞歷山大大帝在埃及建立亞歷山卓城開始，當地匯集世界各地的文化，而煉金術也在此遂為盛行，並且融入各地的風俗，後來也成為西方煉金術的基礎。西方煉金術主要依據兩個理論，第一個是亞里斯多德的四元素說，他認為宇宙萬物都是由泥土、水、空氣、火等四種元素所組成，第二是任何物質都可以透過這四種元素特定比例的混合，轉化成其他種物質。不過這些基礎經過了數百年傳到歐洲時，卻只剩下硫磺與水銀，不過基本原理還是類似，只要你掌握這兩種的混合比例，就可以將路上沒人要的石頭，轉變成眾人企求的黃金。

▲古代煉金術書內容充滿著隱喻的圖案與文字

「爆炸」就是煉金的藝術

那麼煉金術士到底在玩些什麼花樣，
以及為什麼煉金術常常會與中毒劃上等號？
現在就將煉金的技術首次公開在你眼前。

第一步：先將金屬礦石（通常是鐵）、鉛或水銀以及有機酸（像是檸檬等）三者，在研砵裡面混合均勻。

第二步：加熱上述的混合物，並且持續10天左右。

第三步：若是你逃過水銀或鉛中毒，那麼就可以在月光的幫助下，將混合物溶解在酸性溶液中。

第四步：之後將液體加熱蒸餾，獲取新的凝結物。

第五步：接著恰巧實驗室沒有因為火災而燒毀，那麼你可以在凝結物中加入硝酸鉀，小心在這過程中可能引發爆炸。

第六步：如果你真的夠命大，沒有被炸死，恭喜終於進入最後階段，此時請務必「神祕」的密封這個最終物質，切記一定要「神～祕～」的封。

第七步：等等還沒結束，請不斷的重複加熱、冷卻、純化等步驟，直到產生紅色的固體，然後你又僥倖沒發生中毒、失火、爆炸等意外，那麼真是可喜可賀，終於得到「可～能～」會點石成金的物質了。

第八步：最後一步，也是最重要的關鍵，想必聰明的你應該知道世界上不會有點石成金的東西！

細在筆記本記錄配製藥品的方法，和抄寫所有藥品的使用說明與功效。除了吸取相關的化學基本知識，也嘗試調配自己專屬的藥劑，例如他會製作一種特殊香精，是由玫瑰汁液、松節油、橄欖油、蜂蠟、紫檀香和白葡萄酒等調和而成。他會在平日飲用，以預防肺病，甚至還可以外塗，治療淤血。

1660年，牛頓在藥房所得到的經歷，促使他從傳統化學著手，其實在當時化學家與煉金術兩者在本質上並沒有太大不同，所做的事情和使用的器具也幾乎相似。不過煉金師自認與眾不同，認為自己是在追求一個偉大夢想，找尋能治癒百病，點石成金的方法，並且身上具有上天所賦予的神力與使命，能完成任何不可能的事。而化學家所處理的範圍不外乎配藥、顏料、製酒等所需的知識，並沒有像煉金師那麼會作夢，比較像是位踏實的小商人。此時牛頓先盡可能的收集所有相關的知識與詞彙，然後編寫成一本大辭典，而辭典內詳細記載各種化學相關的名詞、儀器與專業術語，這些詞彙都有詳細註釋。當有了資料以及相關知識後，接著就要開始著手實驗，而這時候影響他最大的學者就是波以耳——近代化學之父。

身為當代化學第一人的波以耳，自然也著迷於煉金術，他比牛頓還早了20年開始研究煉金術，對於化學與煉金術都具有獨特的見解，可說是煉金術的大前輩。他篤信原子論，認為物質是由原子所構成，物質的特性來自於所組成的原子，而原子又可以重新組合而形成新的物質。牛頓詳細閱讀波以耳的著作，發現傳統的化學已經無法滿足自己的求知慾，使得他開始轉向更為刺激、神祕的煉金術，隨後他們兩人就在皇家學會有了聯繫，並且從波以耳學習到許多煉金術的心得。

報告警察，波以耳是詐騙集團啦

牛頓一開始投入煉金術實驗，就採取跟前人截然不同的方法，他詳加記錄實驗所需的材料與流程，仔細觀察並記錄每一個實驗步驟，最後再以理性思考的方法探討最後的結果，就因為如此，他開始發掘出前人煉金術的真相與不足。起初他依循波以耳的建議，企圖製造哲學家的使者——「不凡的水銀」，這看在我們眼裡，水銀就是水銀，哪有什麼不凡的地方？而天生神力的煉金術士絕對不是我們凡夫俗子所想像的這麼簡單，由於水銀在室溫下呈現液狀，跟所認知的金屬差異很大，因此給予這些術士許多想像，他們認為其他的金屬雖然要在高溫下才能熔成液狀，但是這些金屬應該也可以像水銀一樣，能在室溫下變成液體，但必需要透過特殊的方法，所以推測這種方法一定藏在水銀之中。就是水銀這種與眾金屬不同的特點，使得這些煉金術士為之瘋狂，甚至稱水銀為宇宙間的第一種物質，想盡辦法從中萃取出一種神奇的物質，也就是不凡的水銀。因此，

牛頓開始按部就班製造不凡的水銀,首先他將「普通」的水銀溶解在硝酸中,之後逐漸加入鉛屑,最後發現有白色沉澱物析出,不過經過他仔細檢驗,發現這沉澱物還是水銀啊!只是鉛取代原來溶解在硝酸中的水銀,接著他改以不同的金屬取代鉛屑加入,然而最終的結果還是得到水銀,所以牛頓失望了。

來自宇宙的銻星

後來牛頓不再採取波以耳的指示,轉向研究另外一種金屬——銻,煉金術士對於銻有興趣的原因在於,認為它對於黃金的親和力很強,能夠形成一種銻合金,並且與其他金屬結合而產生的合金外形,會形成放射狀的結晶。牛頓依然一步步依照正規的科學方法重現這個實驗,結果也得到

這種放射狀的銻合金,他不但興奮,也為銻合金的外型感到著迷。仔細看看這個銻合金的外形,是不是就跟天空的星星一樣閃爍呢?放射狀的結晶就如同太陽所釋放出的光和熱,然而若是這顆銻星周圍還有各種星球圍繞,那麼這一束束放射狀的晶體,是不是就變成太陽與星球之間的萬有引力呢?我們並不清楚,牛頓是否也感受到萬有引力的靈感,雖然此時他對於

這概念的描述仍然青澀，不過相信心理應該已經能從中體會到一些想法了。

到了1670年，牛頓至少投入5年的時間在煉金術中，並且集結大量的數據、心得與配方寫成一篇文章——《實驗之鑰》（clavis），後人也發現他所收集化學與煉金術相關的書籍達到169冊。牛頓醉心於煉金術期間，仍不忘原本研究的主題：數

學、光學和重力等題材，然而化學和煉金術帶給他什麼樣的啟發？他隻字未提，畢竟那是個視煉金術為禁忌的年代，並且他深怕自己對於煉金術的沉迷，會讓原本辛苦建立的聲望毀於一旦。不過我們可以知道牛頓喜歡整合各方面的知識，因為他認為宇宙運行乃至於萬物相互作用的背後，必定有一個大一統的定律，負責掌控這個世界，並且相信自己最終可以找到這背後的定理，所以任何的研究途徑、知識與理論都應該被仔細的審視驗證，同時他也和當時的科學家一樣，相信古人一度掌握這類所有的知識，只是隨著年代逐漸散佚，或是分別遺落在各種神祕的書籍中，所以一定要竭盡所能，直到試盡所有方法。其實對我們來說，不管煉金術是不是屬於真科學或是偽科學，它能啟發牛頓找尋真理的靈感也就足夠，其他的影響似乎也不再那麼重要了。

◀銻合金

title :

牛頓最後的時光

人生就是研究、吵架和煉金術

我們可以打趣的將牛頓一生的時間,分成三等分:研究、吵架和煉金術。他對於力學、光學、重力和科學方法的研究,是我們最為了解和感受最深的部分,不少學生都被他的牛頓三大運動定律「摧殘」過,煉金術則是他一生的嗜好,代表著想要窮盡天下萬物的精神,最後吵架雖然看似負面,卻也象徵他的個性孤僻、不與人交好、自我中心等這些特殊的情感,反而讓他專注在科學研究上,不受他人影響。不過你或許會想,當牛頓弟弟變成牛頓爺爺時,會不會變得更為和善、慈祥呢?答案是,不可能!他的脾氣就跟所做的研究一樣,「一路走來,始終如一」。

牛頓在接掌鑄幣廠和皇家學會會長後,手上擁有的權力和財富急遽升高,已經不在是孩童時失去父親的困苦環境,這時他頭頂蓬鬆假髮、身著華美錦袍,看起來就跟貴族一樣,事實上我們也可以從牛頓歷年來的肖像畫,看出他在氣質和外貌上的轉變,從「鄉下俗」化身成「高富帥」。同時家中的環境也跟著提升,衣食無缺已不用說,房屋和家具裝飾顯得低調奢華(他異常熱愛深紅色),出門還有自己的馬車與馬匹代步,曾經有一段時期還雇用了6位僕人整理家務。不過這些高尚的生活似乎沒有改變牛頓原本的個性,所以自然不會和貴族一樣對於美食、文學和音樂特別有

▲牛頓歷史上肖像畫的變化,可以看出牛頓在擔任鑄幣廠廠長後,外觀和衣著都有顯著的變化。

品味。曾經有人到他家作客，結果大失所望，抱怨道：「桌上的餐點非常可怕，酒大概也是別人送的禮物。」文學和音樂就更別提了，牛頓有次跟朋友分享欣賞歌劇的經驗，說：「劇情剛開始很新鮮，中間有點煩悶，還沒演完我就跑了。」

哥就是任性、霸氣

《光學》這本大作緊接著《原理》出版，不同於後者是以拉丁文撰寫，光學已經改以英文書寫，並且寫作的風格較為親民，因此大受迴響，讓牛頓的科學聲望提升至前所未有的高度，此時甚至可稱為英國最具影響力的科學家。可能是小時候的處境讓他缺乏安全感，或是私下對於煉金術的嗜好，都讓他異常注重自己的名聲，深怕這辛苦經營的一切會因為小小的失誤而毀為一旦，所以要是牛頓懷疑有人對他不利，他馬上就會激進反擊、不擇手段。除此之外，他在用人上只提攜親信和朋友，並刻意打壓不受信任的會員，以掌控整個學會，甚至也利用權勢干涉大學的教授任命權，例如小媳婦一般的哈雷，在熬過惡婆婆牛頓的刁難之後，終於獲得牛津大學的講座教授職位；劍橋大學的新設講座教授也由《原理》第二版的編輯，數學家寇茲（Roger Cotes）擔任。

甚至牛頓除了滿意自己所展現的權威外，還希望自己的形象能夠永傳世人，唯一一位親自訪談過牛頓的傳記作者斯圖克雷（William Stukeley），在一段描述牛頓的文字上寫道：「牛頓在主持學會會議時，以平易的作風主持會務，盡力配合機構的形象，對於任何增進科學的研究都小心保護，不受他人打擊。會議時沒有人私自交談，如果有任何爭議，他會提醒大家都是為了追求真理，不應該做人身攻擊。」這段黑心文字跟牛頓想要流傳後世的形象極為相符，不過想當然爾，這位傳記作者也是牛頓的追隨者之一。

我外表兇惡、但內心善良

不過出人意料的是，牛頓對外砲火猛烈，對內卻是異常的和善，尤其是對他的家族親友，雖然小時候不常與母親同住，甚至仰賴外祖父母扶養長大，但是隨著地位的提升，他不知不覺成為牛頓家族中廣受敬重的族長，此時前來拜訪的親戚無論是覬覦他的財富，或是真心尋求協助，他都非常具有耐心，並且幾乎是有求必應，似乎很享受被依賴的感覺，譬如牛頓的外甥不幸戰死，他就出錢照顧外甥留下的遺孀和子女，替他們買下一座莊園。甚至去世後的財產，也平分給他的後輩與親人。

牛頓在最後的歲月裡，仍不斷思考重力的問題，他已經知道如何用數學來表示重力，但是最根本的問題在於重力從哪裡來，又是透過何種機制掌控，畢竟它不僅存在宇宙的星體之間，也存在於星球與個體、個體與個體之間。一直以來除了煉金術影響牛頓對於

科學的靈感，本身的神學信仰也在研究上留下影子，所以在重力的問題上，他從神身上取得想法。牛頓虔信上帝，認為上帝在冥冥之中安排這宇宙的一切，而上帝透過耶穌基督來掌控這個世界，所以耶穌基督就是這世上所有作用的媒介。雖然這看在現代人的眼裡是非常荒唐的事，但是當時人們所得到的知識有限，而宗教上的信仰卻是支持他們前進的動力。

雖然牛頓對煉金術的熱情不減，但是他的身體好像百毒不侵，不僅活到84歲，比科學路上的敵人，虎克、萊布尼茲等人都活得更為長久，甚至精神和體力都還很好，直到去世前幾個星期都還可以參加學會會議，然後這位爺爺的難纏個性依然沒有隨著歲月消散，縱使是最親密的哈雷，在最後幾年的時間，還是得畢恭畢敬，以免惹怒牛頓。譬如有次牛頓希望哈雷在第三版的《原理》中，加入一些新內容，但是哈雷不小心把計算錯誤的結果寄給牛頓，他發現後連忙寄信解釋說自己一時疏忽，會馬上補正，希望他不要找人重新計算。牛頓雖然沒有找人重新計算結果，但是他也沒有把哈雷的新內容放入第三版中。

是該還給科學一些清靜了

不過到了1723年底，牛頓的身體開始急遽惡化，不斷出現在身上的病魔，快速侵蝕他的身體，似乎在宣告即將離開這個世界。他也慢慢退出鑄幣廠和皇家學會的圈子，搬到倫敦鄉下休養。在最後幾年，牛頓變得多愁善感，聽到悲傷的事情容易流淚，也時常把待人慈悲的話掛在嘴邊。不過牛頓還是牛頓啊！當鑄幣廠官員請示是否要將偽幣犯施以絞刑時，他不加思索的同意，這天生的性格似乎無法改變。

最後的結局即將到來，最後一次到皇家學會開會的舟車勞頓，似乎對於牛頓的身體造成很大負擔，一回到家就開始染上重病，之後時而清醒、時而昏迷，終於牛頓在1727年3月20日逝世，同年4月4日下葬於倫敦西敏寺，從此這個地方就成為許多著名科學家的安息之地，包括達爾文等英國科學家也都同眠於此。這個世界好像開始安靜了不少，不過希望牛頓看到這些後輩科學家時，不要又跟他們吵上一架。

▲西敏寺的牛頓墓穴

▼倫敦西敏寺

chapter

3
祕辛報報

Sir Isaac Newton

萬有引力反攻血淚史

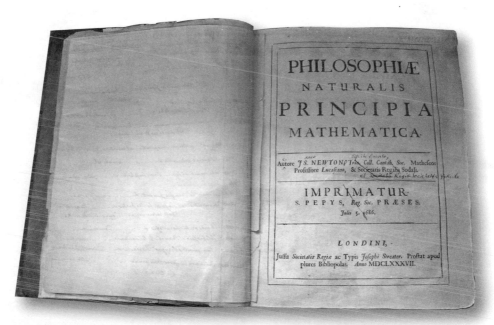

▲牛頓在《自然哲學的數學原理》中,利用數學描述萬有引力與三大運動定律,進而奠定了日後天文學與力學的基礎

在歷史上應該很難看到一場科學論戰,可以跟萬有引力發展的過程一樣精采,從西元前四世紀的亞里斯多德開始,一共花了2千多年的時間,才在牛頓的手上暫告一段落,這當中不斷有提出異議、阻礙道路的各路魔王,但是也有一同在科學荒野中,披荊斬棘的研究勇者,不管這些勇者們是不是都認同彼此的研究,但是不可否認的是他們互相承接對方的經驗與靈感,以及具有捍衛真理的勇氣,才能完成這場戰役,不過也不要太苛責那些魔王,他們本性不壞,對於自己的耍壞之路也是有所堅持和理想,甚至你可以說他們事先替這些勇者排除了錯誤的道路,間接的引導他們走向正途。噹!噹!噹!最後傳說中的勇者——牛頓,終於亮出傳說的武器《自然哲學的數學原理》拿下這場勝利,不過牛頓的背脊應該是涼涼的,畢竟背負著許多科學家的怨念,就讓我們認識一下有哪些科學背後靈吧!

萬有引力何處來？

萬有引力到底是什麼東西？又是如何影響天上的星球？從西元前的亞里斯多德爭論到西元後的牛頓，才似乎暫告一段落。而在牛頓之前以及跟他同時代的人們到底是怎麼看的？讓我們來看看與這段歷史有關的人物，他們怎麼說？

西元前四世紀	西元二世紀
大魔王 **亞里斯多德** 	大魔王親衛隊長 **希臘科學家 托勒密** 

主要攻擊方式：四元素說、目的論

招式威力分析
四元素說：所有宇宙間的物質都是由四種元素所構成：泥土、水、火、空氣。
目的論：認為物體的任何運動和狀態都有特殊的目的，譬如說物體要移動就必須要一直有外界的力量推動，不然就會停止。物體不會平白無故移動，因為物體的本性就是尋求穩定不動。
結合上述兩者理論，當看到石塊往下掉時，是因為石塊是由泥土元素構成，泥土就是地球的組成，所以自然會往下落回到地球，而輕的東西會往上飄，則是因為輕的物體是由火所構成，火是最輕的元素。還有最後祕招，太陽、月亮等星體都是受到第五種元素以太控制，這些天體浮在以太之中，受到這些以太影響而發生轉動，而神在宇宙創始之初，就決定了這些天體環繞地球的規則。

點評：不愧是超級大魔王，靠著這兩大招，統治萬有引力觀念長達2千多年。

主要攻擊方式：地心說，《天文學大成》

招式威力分析
地心說：認為宇宙是一個大型的圓球殼，地球位在宇宙的中心，地球以外依序有月球、水星、金星、太陽、火星、木星、土星和其他恆星，圍繞著地球運轉。托勒密寫的《天文學大成》是當時天文學的經典必讀教科書，以幾何學的方式描繪出天體的立體球殼模型，巧妙安排各種天體在球殼內繞著地球轉動，影響力甚至延伸到15世紀。

點評：可說是亞里斯多德的最佳代言人，不但承襲魔王的意志，還製作出超強洗腦裝置，成功將魔王的勢力延續到15世紀。

西元 七 世紀

勇者砲灰一號

印度科學家
婆羅摩笈多

主要攻擊方式：地球是圓的，具有吸引力

招式威力分析

認為地球是圓的並且具有吸引力。所有地表上的重物都會因為地球的吸引力往下掉落，就如同水往低處流一樣，如果你把重物往上丟，往前丟、往後丟，最終地球都會把它吸住。

點評：都嚕都嚕答答答答，印度勇者不但會唱歌跳舞，就連科學的見識都令人手舞足蹈，不過好像沒有引起潮流，就成了砲灰，真是可惜。

西元 16 世紀

勇者砲灰二號

波蘭科學家
哥白尼

主要攻擊方式：日心說、《天體運行論》

招式威力分析

他認為自然的一切運作都是依照最短、最簡單的方式，並不會有白費工或是繞路的情形發生，並且認為太陽才是宇宙的中心，地球是繞著太陽運轉，其餘像是火星、木星、金星等行星也都是以同心圓的方式繞著太陽轉動，而月球則是繞著地球轉動。這個學說也推翻亞里斯多德的四元素說，摒棄泥土是最重元素的說法，改認為重力是一種可以凝聚物體的力量。

點評：哥白尼可說勇者中的勇者、砲灰中的砲灰，以日心說和武器《天體運行論》震撼魔王的霸業，不過勇氣稍嫌不足，等到死前才敢拿出武器對抗。

西元 16 世紀

村民甲

英國科學家
威廉·吉爾伯特

主要攻擊方式：磁力

招式威力分析

認為地球本身就是一塊大磁鐵，對外的吸引力就是本身所散發出的磁力，而磁力的概念也可以延伸至整個宇宙，宇宙內的天體運行都是彼此磁力作用的結果。

點評：來亂的村民甲，不過至少勇於發表意見，也算是好事一件。

西元 17 世紀

神祕人
法國科學家
笛卡兒

主要攻擊方式：機械理論，漩渦理論，解析幾何

招式威力分析
四元素説：所有宇宙間的物質都是由四種元素所構成：泥土、水、火、空氣。
機械理論：認為物體和物體之間的相互作用和影響，是因為物體之間有一些微粒產生碰撞所導致的結果，這種神祕的物質就是以太。
漩渦理論：以太也會存在於宇宙之間，所以天體的運轉也是這些以太發生像漩渦一樣的現象，導致這些天體圍繞著太陽轉動。
解析幾何：連接代數與幾何學，創立座標系和線段運算的方式，對於微積分有著重要的影響。

點評：嗯～這人充滿神祕，不知道他偏向哪一個陣營，一邊支持魔王的以太説，但是又利用所創立的解析幾何提高勇者的數學能力，其目的不容小覷。

西元 17 世紀

勇者砲灰兼打鐵匠一號
德國科學家
克卜勒

主要攻擊方式：克卜勒三大定律，太陽重力

招式威力分析
支持哥白尼的日心説，從前人的星象觀測資料，發現天體運行的軌道不是圓形，所以透過強大的數學能力，提出克卜勒三大定律，建立天體運行的軌道是橢圓形，天體在軌道上運轉的速率不會一致等概念。不過他認為重力其實來自於太陽光，因為太陽是萬物活力的來源，行星繞行太陽的力量也應該來自於太陽的光。

點評：與伽利略併稱打鐵雙璧，所提出的定律成為最終勇者牛頓右手上的傳説寶劍，不過差點走火入魔，所提出重力概念差點讓自己魔化。

西元 17 世紀

勇者砲灰兼打鐵匠二號

物理學家
伽利略

主要攻擊方式：以數學描述物體的運動狀態，慣性，重力加速度

招式威力分析

推翻亞里斯多德的目的論，認為物體具有慣性，只有狀態發生變化時，才是受到外力影響。此外，當物體下落時，所受到的加速度與物體本身重量無關，這加速度是地球的重力所造成，所以並非是物體本質所影響。並且以數學公式描述上述物體的狀態。

點評：與克卜勒併稱打鐵雙壁，所提出的定律成為最終勇者牛頓左手上的傳說寶盾，後來被魔王陣營俘虜軟禁，但是仍然偷偷資助勇者陣營，不愧是最勇敢的打鐵匠。

西元 17 世紀

吟遊詩人

英國科學家
虎克

主要攻擊方式：重力平方反比定律

招式威力分析

還沒有完成，所以威力等於零。

點評：差點轉生成勇者的吟遊詩人，但是數學不好，所以無法完成最終招式。

西元 17 世紀

最終勇者

英國科學家牛頓

主要攻擊方式：牛頓三大運動定律，萬有引力定律，《自然哲學的數學原理》

招式威力分析

繼承伽利略對於物體運動狀態的數學描寫，衍生出三大運動定律，並且利用萬有引力定律證明克卜勒的定律內容，從此連接地表的伽利略研究和天體的克卜勒研究，並且以《自然哲學的數學原理》作為總結，奠定日後物理學的基礎。

點評：最沒人緣、大家都不想跟他一起打戰的勇者，有點孤僻、小心眼，就這樣躲在角落神不知鬼不覺的打敗魔王了。

重力外傳：別忘了還有一個「G」

終於牛頓結合眾人的力量（咦？），拿出了最終武器萬有引力定律，滿足大家對於重力的想像，不過奇怪了，牛頓說萬有引力的大小與兩個物體質量的乘積成正比，與它們之間的距離平方成反比，那為什麼沒有一個完整的公式呢？這是因為還差了臨門一腳，這個定律還需要一個數值才會完整，而這個數值就要等到西元1797年英國科學家卡文迪許來解決。

卡文迪許要怎麼做呢？簡單的說就是直接測量萬有引力，可別忘了不只有天上轉的星球具有萬有引力，任何物體都有萬有引力存在，所以他利用扭秤和金屬球來測量萬有引力，最後測出數值並且稱為萬有引力常數G，最後完成下列完整的萬有引力公式。

$$F = G \frac{m \cdot M}{R^2}$$

在懸吊的石英線末端連接兩個球體 m，並且在線的中間接上一面鏡子，接著靠近底下的兩個球體 M，由於 m 和 M 之間會引發萬有引力互相吸引，因此就可以利用石英線偏轉的角度，得出兩者之間萬有引力的大小，不過因為這種引力非常小，幾乎無法直接測量偏轉的角度，所以利用光線照射石英線上的鏡子，並且將光反射在尺上，如果石英線發生轉動，那麼所反射的光線也會跟著移動，這時就可以觀察尺上光線移動的刻度，來求出轉動的幅度。

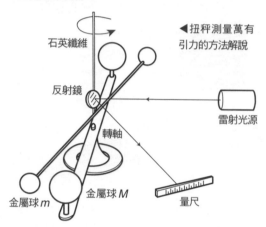

◀扭秤測量萬有引力的方法解說

石英纖維

反射鏡

轉軸

雷射光源

金屬球 m　金屬球 M　量尺

你有多重？

你有多重？這站在體重計就知道啦！但是你的體重在太陽系的各個星球上可都不一樣，那是因為我們的重量會受到所在地的萬有引力所影響，而各星球的萬有引力都不相同，所以你的體重自然也會發生變化。看看以下的表格，就可以知道站在太陽、月球或是其他星球上體重的變化。

	太陽	水星	金星	地球	月球	火星	木星	土星	天王星	海王星
重量 (公斤重)	1,680	23	54	60	10	23	152	64	53	68

科學家大PK

牛頓 和虎克兩人可說是科學史上赫赫有名的「怨偶」，除了在科學領域上互不相讓，嘴巴也常常得理不饒人，甚至兩人在死後都不曾原諒過對方，雖然這樣的競爭激發起兩人的科學靈感，也成為研究上的動力，不過兩人在科學界的地位都很崇高，彼此的爭執間接導致英國科學界的分裂，替日後的科學發展設下不小阻礙。到底是什麼因素讓這兩人如此難相處呢？就讓我們從大PK中找出端倪吧！

牛頓 part 1 出生環境

牛頓吃飯囉！

小時候衣食無缺，但是父親很早去世，母親又改嫁丟下他，只由外祖父母養大，沒有父母的關懷，性格孤僻。

牛頓 part 2 求學經歷

別哭別哭，想要學什麼？叔叔都教給你。

有叔叔真好。

就讀國王中學時，寄居在藥劑師克拉克的家，第一次體會到家人的溫暖，並且克拉克也鼓勵他學習，此時對於配藥化學有興趣，並且在課業上表現優良。

虎克 part 1 出生環境

你畫得真好。

虎克家境普通，但是從小就展現出機械和繪畫天份，一位畫家霍斯金斯覺得小虎克很有天分，鼓勵他作畫。

虎克 part 2 求學經歷

為什麼愈畫愈不快樂。

虎克失去爸爸後，家中經濟發生困難，被迫到倫敦謀生，當畫家學徒。

一上大學就遇到怪叔叔

年輕人，我看你年紀輕輕就有一身橫練的筋骨，簡直是百年一見的研究奇才，只要讓你回家自行修練，那你豈不是要飛上天。

之後憑藉著優秀的成績進入劍橋大學三一學院就讀，跟隨著巴羅教授的指導，大量閱讀前人的科學知識，並且在黑死病休學回家期間，自行研究出光學、數學等理論。

師傅，我不會讓你失望的，你就安心的去吧！

我只是要你擔任教授，沒說我要死啊！

牛頓
part 3
研究環境

牛頓自劍橋大學畢業後，就受到巴羅教授推薦，擔任盧卡斯講座教授。

此時他有自己足夠的研究經費和空間，可以任意使用進行實驗。

年輕人我看你先天不足，後天失調，趕快幫你補一補，以後才有救

後來到威斯敏斯特學校讀書，老師注意到虎克在機械製作上的創造力和技巧，並且引導他開始學習物理，天文，和醫藥化學。

虎克
part 3
研究環境

剪刀、水

我要玻璃杯

我要試管

虎克學校畢業後跟著波以耳做助理，後來跟著進入學會擔任實驗負責人。

別人的性命是鑲金又包銀，我的性命不值錢。

但是學會創始初期沒有什麼經費，所以還要兼差到唱詩班唱歌，貼補生活費。

牛頓
part 4
能力貢獻

虎克
part 4
能力貢獻

牛頓迷戀煉金術，常常偷偷做實驗，但從中得到許多啟發，並且培養實驗精神。

虎克喜好工藝，發明很多機械裝置，並且也在倫敦大瘟疫發生大火後，負責重建的建築設計工作。

虎克，單手讓你啦！

發明微積分，精通算術、代數和幾何，善於利用數學簡化理論，並且提出公式。

數學能力不夠扎實，只能靠歸納前人的理論，來提出假設，但是無法利用數學證實。

原來這些小東西這麼細緻啊，真令人感動，不像某人只想往前看，忽略周邊的東西，好高驚遠。

哇！我看的好遠啊，原來宇宙這麼大，不像某位人士目光短淺，只看近的東西，難怪這麼小心眼。

牛頓製造世界第一台反射式望遠鏡，體積很小，但是放大倍率很大，成為目前天文望遠鏡的主流。

虎克製造第一台複式顯微鏡，首次觀察到植物軟木塞細胞，也是人類第一次觀察到細胞，並且集結這些微小的生物繪圖和紀錄，出版《顯微圖輯》。

提出牛頓三大運動定律與萬有引力定律，以數學描寫物體的運動狀態。

提出虎克定律，說明彈簧受力與伸長量的數學比例關係。

牛頓 part 5 聲望成就

牛頓擔任鑄幣廠廠長時，不但成功打擊偽幣罪犯，獲得國王賞識，也結交許多王公貴族，快速累積財富。之後更成為皇家學會會長，提拔親信和朋友，成功掌握英國科學界。

虎克 part 5 聲望成就

虎克一直以學會為家，除了負責學會的實驗，還要兼任秘書的工作，事情非常繁雜，收入也沒有增加，並且也不得到其他人的支持和幫忙，心情一直非常忿忿不平。

牛頓 part 6 晚年生活

邁入老年的身體依舊非常硬朗，並且退休生活非常安逸、沒有煩惱，他在學術上的對手都早一步離他而去，從此統治科學界達一百多年。

虎克 part 6 晚年生活

虎克晚年還在為了學會的事務煩惱，並且因為疾病過得很痛苦，心情也很苦悶。

獨孤七劍：牛頓自學祕笈大公開

牛頓 真的是太厲害了，大多科學家只能專精於一個科學領域，甚至只是當中一個小小主題就已經耗去所有歲月和時間，但是牛頓竟然可以在數學、光學、物理學以及天文學上都取得極高的成就，在這84年的生命當中，可說是一分一秒都在燃燒自己的小宇宙，在研究上所散發的光和熱真是讓人難以直視，是不是以後就沒有人可以超越他的呢？嘿！嘿！其實任何人都可以成為下一位牛頓，你可能心想：「我連學校功課都寫不完了，是要怎麼趕上牛頓的成就呢？」不用擔心，這裡整理出牛頓的科學必勝攻略──獨孤七劍，不但要讓你打通研究的任督二脈，功力直逼牛頓，甚至還列出他在研究上的死穴，讓你一舉超越牛頓，成為新世代的科學掌門人。

第一式：
強大的求知慾

　　想要打好研究的基礎，閱讀是不二法門，你得先要獲取足夠的知識，才會有下一步的可能性。牛頓也非常了解這項竅門，所以花了很多時間在閱讀書本上，不光是研究或是課業上所需要，只要是遇到任何難題，都會主動查詢資料或是參考書籍，並且他在閱讀書籍時非常確實，要完全讀懂這一頁的內容，才可以翻到下一頁，絕不投機取巧，並且注意力非常集中。因為你一旦跳著讀或是分心，就會浪費很多時間在不斷的往前翻閱，此外，如果看到不懂的地方，也會立即查詢資料，直到弄懂為止，拒絕打混過關。

第二式：
隨時隨地抄寫筆記

　　不光是讀，還要隨時抄寫，牛頓平常就有作筆記的習慣，但是他的筆記不是單純抄寫書本的內容，而是記錄閱讀或研究時所產生的疑問，提醒自己還有哪些不懂的地方，接著再把找到的答案謄寫上去。筆記本也可以記錄任何有趣的想法或是想要研究的題目，如果對於研究的題目有初步的想法也會先寫下來，雖然不會馬上進行，但是有機會的話就可以馬上著手，不用再重新找尋資料，可以省去很多時間。

第三式：
編寫自己的研究辭典

　　這算是牛頓獨門絕招，靠著這招獨步科學界，無往不利。他在進行任何研究或是實驗之前，都會盡可能收集所有的相關資料，接著整理出重要名詞，編寫成一部大辭典，內容包含各種專有名詞、儀器名稱與實驗方法。這些名詞都有詳細的解釋文字，所以如果你在做研究或是實驗時，發現有任何不懂的地方或是需要找資料時，就可以立即翻找自己製作的辭典，不用再浪費時間翻閱資料，並且這部辭典也可以記錄研究的結果和心得，或是隨時隨地補充內容，最後這本辭典也就成為研究和實驗的寶典，不論是資料保存或是查詢就變得非常方便。

第四式：
作實驗時要詳細記錄、觀察和比較

　　牛頓龜毛到近乎苛求的研究方法，無處不在，他在進行實驗時，不管前人是不是已經有進行過，他都會詳細的記錄實驗所需的材料、操作的過程以及結果，並且與前人的研究進行比較，這樣一來若是出現差異的地方，也可以從頭檢討每一項細節，因為魔鬼就藏在細節裡，任何一個小地方不同，都可能會大大的影響結果。這樣牛頓是不是疑心病很重？不不不，正所

謂懷疑是科學之母，所以牛頓只是展現小心謹慎的一面。

第五式：
不管是真科學還是偽科學，只要有用的就是好科學

在牛頓那個年代，自然科學、哲學、神祕學是相互參雜相連、無法分清的，所以得憑藉自己從中篩選出有用並且正確的知識，不過因為牛頓事事都採用科學理性的作法，所以任何真科學或是偽科學都難不倒他，他不斷的利用確實的研究態度一一檢驗這些結果。其實真科學中也會有謬誤的地方；偽科學有時也會令人產生靈感，不要過度封閉自己的眼界，這也是牛頓比一般科學家更能深入科學真理的緣故。

第六式：
強調實驗和數學驗證的重要性

這是牛頓與當時其他科學家最為不同的地方，也是他後來取得物理學偉大成就的關鍵，就是自始自終相信驗證的重要性，不管理論是從哪種方式獲得，推論也好、歸納也罷，他都需要實際的觀測資料或是數學運算來確認這個理論的正確性，並且透過這種方法所取得的理論，也應該可以運用在其他種情況，不該只是特例，就如

同他的萬有引力定律，來自於紮實的觀測數據與數學證明，不只可以用在月球與地球，任何兩個物體都可以套用此公式，並且也可以用來解決跟重力有關的問題，像是潮汐等。

第七式：
強大專注力

這應該算是牛頓最異於常人的特點，幾乎快要成仙了，如果你照著做，可能也會真的上天堂。牛頓只要一投入研究，可説是達到廢寢忘食的境界，對於其他事情毫不關心。什麼，這招你學不會啊，那豈不是無法跟牛頓一樣厲害。咳咳，沒關係，再傳授你4招牛頓的死穴，只要避開這些缺點，還是有機會超越他。

▲《流數法》（牛頓的微積分研究）（右上）、《自然哲學的數學原理》（下）以及《光學》（左上）。這三本巨作可説是代表牛頓在數學、物理學以及光學上的研究里程碑。

牛頓的研究死穴

死穴1：研究偏食症候群

牛頓對於科學的喜好只能用重度偏食來形容，當他喜歡某個學科時，就會一股腦鑽研下去，對於其他研究發展一點興趣也沒有，所得到的結果或是心得，也只留給自己欣賞，或是放著不管，對於其他人的想法毫不在乎。雖然專心一件事是優點，但是過度偏食的結果，可會造成科學上的營養不良，像是他在三一學院就學時，就疏忽基本幾何和代數的重要性，而差點無法畢業，所幸他後來警覺自己確實不足，所以下功夫苦學，不然我們可能很難看到他發展出微積分的概念。

死穴2：自我意識症候群

牛頓非常自傲，認為別人無法了解自己的研究，自己的研究主題也只有他才能解決，然而要是有人發表跟他一樣的想法時，通常第一時間會瞧不起他，認為只是湊巧而已、甚至認為別人抄襲。他也認為所獲得的成就都是仰賴自己，完全沒有承先啟後的概念，事實上科學發展是連續性的，不知不覺他也會吸收到別人的觀點，當然他一點都不覺得如此。也因為如此，牛頓不熱衷於教導學生，在劍橋大學時，歷史紀錄上他只收過三名學生，這些學生也都沒有特別留下任何成就。

死穴3：不容異己症候群

這個問題一直出現在牛頓身上，這也是性格缺點之一，他異常的敏感，經不起其他科學家提出不同的看法，若是有人表明質疑的態度，他只會先入為主的敵視與反對，並且與其他科學家的討論常流於互相叫陣、挪揄，這種情形最為嚴重的是與虎克的相處上，爾後引發光粒子說與波動說的論戰，就因為牛頓糟糕的態度，阻礙了日後光學的發展。

死穴4：缺乏分享症候群

這個在現在科學界看來簡直是無法想像的事，絕大多數的科學家都樂於交流彼此的研究成果，並且有無數多種科學期刊定期刊登最新的科學發現，供大家查閱。科學家也都視分享為一種榮耀和義務，甚至有些人還成為科學普及的化身，向一般大眾推廣科學知識。不過牛頓卻不這麼想，他只想獨來獨往，認為別人都是麻煩精，離他愈遠愈好，只將自己的研究鎖在抽屜中，幸虧有哈雷、巴洛等還願意親近他的科學家，不然他的研究又要等到何年何月才能露出曙光啊！

牛頓可說是一個研究奇葩，在面臨這麼多死穴下，還可以施展自己的得意招式，壓倒眾多科學高人，雖然這些招式中有些不是那麼平易近人，但是你還可以學習到一些令人佩服的精神，像是研究大辭典的作法、強調實際驗證的重要性，這都是從事科學的好方法。此外，可不要輕易忽略牛頓的缺點，那些都會成為科學研究路上的絆腳石。

與牛頓同時代的人物介紹

牛頓雖然在科學研究上獨佔鰲頭，奠定了今日古典物理學的基礎，但是在研究路上卻是喜好獨步而行，幾乎沒有與人合作的機會，甚至也不喜歡與同行科學家合作。有的人喜歡他；也有的人恨他入骨，我們可以從這些學者眼裡看清楚牛頓的真實面貌。

不曉得是不是牛頓大量銷毀虎克著作的緣故，以至於現在並沒有真正的虎克肖像畫

虎克
Robert Hooke
1635年7月18日～1703年3月3日

　　英國科學家，小時候就展現出繪畫和機械製造的創造力和天分，進入威斯敏特學校就讀時，受到校長欣賞，不但免除學費，還主動教他各種科學。不過畢業後並沒有很好的發展，只能在牛津大學擔任工友，因緣際會下擔任波以耳的實驗助手，之後展現他的實驗才能，協助波以耳提出波以耳定律。由於虎克的實驗技術倍受肯定，所以經由波以耳的推薦，開始擔任皇家學會的實驗負責人，負責維護各類儀器，驗證理論和實驗演示。

　　他最為知名的是提出虎克定律，說明彈簧受力與伸長量的數學關係。另外一項知名成就是製作出第一台複式顯微鏡，成為史上首次觀察到細胞的人，細胞的英文名稱cell也是來自虎克在觀察植物軟木塞細胞時，形容細胞一格格的外觀，他之後將顯微鏡所觀察的描繪和文字紀錄結果，集結成冊，出版《顯微圖譜》一書。除了在科學上的成就，他對於工藝方面也有所著墨，包含萬用接頭、真空泵、風向儀、水平儀等裝置儀器等都是他的傑作，甚至製作出第一隻內有彈簧的手錶，大幅提高計時的精確度，這個設計仍廣泛用在現今的手錶上。由於虎克的興趣廣泛、無論是科學和機械製作上都有獨到的成就，所以一些科學家稱他為倫敦的達文西。

惠更斯
Christiaan Huygens
1629年4月14日～1695年7月8日

　　荷蘭科學家，在數學、物理學和天文學上有所成就，此外他還是土星光環和土星衛星土衛六的發現者。在數學上，他所發表的《論賭博中的計算》，被認為是現在機率論的始祖，並且透過笛卡兒的指導，對於各種曲線以及所圍成的面積特別有研究。

　　物理方面，惠更斯為光波動說的始祖，反對牛頓的光粒子說，在他的著作《光論》中，非常清楚的推導出光的反射和折射定律，以及完整的解釋出光速為什麼在穿過一些介質、像是玻璃或是空氣等，速度變慢的原因，這是牛頓的粒子說所無法解釋的部分。除了光學的研究，他也提出鐘擺擺動周期的公式；證明在完全彈性碰撞下，碰撞前後能量和動量的守恆；與虎克共同制定出水的沸點與熔點。

　　惠更斯是第一位英國皇家學會的外籍會員，同時也是荷蘭科學院和法國皇家科學院的院士，之後他在巴黎天文台進行一連串的天文觀測，在牛頓尚未製作出反射式望遠鏡前，他就已經在改良前人的望遠鏡，所以能夠找出土星光環的消失之謎，發現土星光環非常薄和平，並且角度和地球公轉軌道的平面類似，所以有時候會變成一條細線，誤以為光環消失。

　　惠更斯是少數和牛頓持相反意見，卻依然不計前嫌幫助他的人，雖然惠更斯反對牛頓的光粒子說，還被牛頓嚴詞批評，但是他卻絲毫不在意，在牛頓遭遇困境的時刻，依然挺身而出為牛頓辯解，所以是少數知道牛頓脾氣，卻又願意與他交往的人。

哈雷
Edmond Halley
1656年11月08日～1742年1月14日

　　英國科學家，從小家庭非常富裕，父親極為看重哈雷的教育，所以不計一切給予哈雷最好的資源，爾後進入牛津大學就讀，在學業

途中前往南大西洋的聖赫倫那島進行天文觀測，在這期間收集南半球的恆星觀測資料，並且出版《南天星表》，從此聲名大噪，當時英國國王查理二世甚至直接頒予他碩士學位，並以22歲之姿成為皇家學會史上最年輕的會員。哈雷最為人知的事蹟是估算哈雷彗星的周期，並且大膽預言它會重返地球。當時科學家不認為彗星的軌道會繞著太陽，推測彗星只會直接通過太陽系，不會重返，後來哈雷發現1682年掠過地球的彗星，跟1531年、1607年所記錄到的彗星應該屬一顆，因此開始估算回歸的周期，最後預計會在1758年回來，週期約為75～76年，果真彗星準時抵達，不過哈雷卻已經不在世上，科學家就將此彗星稱為哈雷彗星。

　　他除了發現哈雷彗星外，也曾搭乘探險船研究地球的磁場，發表《通用指南針變化圖》，甚至還發表一篇有關人壽保險的研究文章，主要分析一個德國小鎮的人口死亡紀錄，提供英國政府制定人壽保險價格的基礎，並且他也是催生牛頓出版《自然哲學的數學原理》的重要推手，不但負擔出版費用，也親自擔任編輯。

萊布尼茲
Gottfried Wilhelm Leibniz
1646年7月1日～ 1716年11月14日

　　德國科學家，歷史上少見的通才。物理學家、哲學家、數學家，律師等，他幾乎囊括你所能想到的頭銜，被當時的人譽為17世紀的亞里斯多德，在數學和哲學特別有成就，甚至他所提出的部分概念還影響現今的科學，父親是知名大學教授，在去世後遺留一座私人圖書館，所以萊布尼茲自幼就沉浸在這些書籍中，吸收各種知識。從小就為神童的他，15歲就進入大學，18歲就從碩士畢業，隔年又取得律師學位，甚至20歲時就有機會拿得法學博士，不過他實在太年輕了，以致於學校不想頒發給他，後來他轉校至另外一所大學，才取得博士學位。

　　萊布尼茲最為讓人提及的是，他與牛頓到底是誰先發明微積分的

爭議，事實上根據科學史的研究，雖然牛頓早先就有微積分的初步概念，但是兩人都是各自獨立研究，都不曉得彼此的情況，直到萊布尼茲訪問英國皇家學會時，剛好認識牛頓的友人柯林斯，柯林斯將萊布尼茲的微積分研究轉告牛頓後，才引發之後的微積分先後爭議。除了數學上的貢獻，他也是二進位0和1的發明人，這對於日後的電腦發展和程式設計奠定非常重要的基礎，此外他還對中國文化有興趣，可說是最早接觸中華文化的歐洲人之一，法國傳教士、也是漢學家的白晉還向他介紹了中國的《周易》和八卦。

波以耳
Robert Boyle
1627年1月25日～1691年12月30日

　　愛爾蘭自然哲學家，由於在化學具有傑出貢獻，尤其對近代化學的影響，被稱為近代化學之父。波以耳從小體弱多病，甚至無法上學校的體育課，所以大多的時間都花在讀書上，他特別崇尚伽利略的研究，並且也重複過他的實驗，尤其是波以耳還特地做了一項真空實驗：將兩根玻璃管抽真空，裡面各放了一根羽毛和一顆鐵球，然後瞬間倒放，來證明物體下墜的速度與物體本身的性質無關。就是這個重要的實驗，才證明出伽利略的理論是正確的。

　　《懷疑派的化學家》一書可說是波以耳化學研究的里程碑，內容推翻亞里斯多德以來所倡導的四元素說，並且也認為組成物質最基本的東西是元素（這裡的元素與亞里斯多德的四元素說不同，比較接近我們現今所說的原子），無法被分解和轉化，所有的物體都是由這些不同的元素所組成，同時這本書也明確分開了煉金術與化學的差異，明確界定化學是一門科學。

　　有趣的是，波以耳本身討厭看醫生，這是因為小時候因為吃了醫生誤開的藥方，差點沒了小命，讓他之後就算有病也不願意找醫生看病，甚至還為此自修醫學，自己診斷病情、自己配藥吃。

牛頓生平年表

年	年齡	事蹟
1642	0	12月25日出生於英國。
1654	12	進入國王中學就讀,並且寄宿在藥劑師克拉克先生家。
1661	19	進入劍橋大學三一學院就讀。
1665	23	因為倫敦發生黑死病,休學返回家中,開始發展微積分與平方反比定律。
1666	24	發展出萬有引力概念,並且完成三稜鏡實驗。
1667	25	開始學習化學,並且獲選為三一學院研究員。
1668	26	取得碩士學位。
1669	27	應聘為劍橋大學盧卡斯講座教授,開始投入煉金術實驗。
1671	29	所製作的反射式望遠鏡送抵皇家學會,隨即被提名為會員候選人。
1672	30	當選皇家學會會員,發表三稜鏡實驗論文,就此展開與虎克的論戰。
1675	33	完成煉金術文章《實驗之鑰》。
1676	34	萊布尼茲發表微積分,從此展開微積分先後的爭論。
1684	42	發表論文《繞轉物體的研究》,並且交給哈雷。
1685	43	完成《自然哲學的數學原理》。
1687	45	出版《自然哲學的數學原理》。
1688	46	擔任國會議員。

年	年齡	事蹟
1696	54	擔任鑄幣廠廠長。
1703	61	當選皇家學會主席。虎克此時去世。
1704	62	出版《光學》。
1727	85	3月20日病逝於倫敦,下葬於西敏寺。

相關著作

- **1671年**：《流數法》（Method of Fluxions）

- **1684年**：《物體在軌道中之運動》
（De Motu Corporum In Gyrum）

- **1687年**：《自然哲學的數學原理》
（Philosophiæ Naturalis Principia
Mathematica）

- **1704年**：《光學》（Opticks）

- **1701年～1725年**：《作為鑄幣廠主管的報告》
（Reports as Master of the Mint）

- **1707年**：《廣義算術》
（Arithmetica Universalis）

- **1711年**：《運用無窮多方程的分析學》
（De Analysi Per Aequationes Numero
Terminorum Infinitas）

- **1728年**：《世界之體系》
（The System of the World）

- **1728年**：《光學講稿》（Optical Lectures）

- **1728年**：《古王國年表，修訂》
（The Chronology of Ancient Kingdoms
Amended）

- **1728年**：《論宇宙的系統》
（De Mundi Systemate）

- **1754年**：《兩處著名聖經訛誤的歷史變遷》
（An Historical Account of Two Notable
Corruptions of Scripture）

參考書目

1. 梅爾文·布萊格.《站在巨人肩膀上》. 先覺.
1999. ISBN 9576074169

2. Ernst Peter Fischer.《從亞里斯多德以後—古
希臘到十九世紀的科學簡史》. 究竟. 2001. ISBN
9576076757

3. 懷特.《牛頓〈上〉-最後的巫師》. 天下文化.
2002. ISBN 9576219698

4. 懷特.《牛頓〈下〉-科學第一人》. 天下文化.
2002. ISBN 9576219701

5. 韓梅爾.《自伽利略之後－聖經與科學之糾葛》. 校
園書房. 2002. ISBN 9575877497

6. 克里斯.《如何幫地球量體重》. 貓頭鷹. 2007.
ISBN 9867001281

7. 史蒂文·謝平.《科學革命：一段不存在的歷史》.
左岸文化. 2010. ISBN 9789866723421